# Sudoku
# 뇌 건강을 위한
# 두뇌 운동

안은진

# Re;Start series 5 스도쿠

**: Sudoku** 뇌 건강을 위한 두뇌 운동

2026년 01월 26일 초판 인쇄
2026년 02월 02일 초판 발행

펴 낸 이 | 김정철
펴 낸 곳 | 아티오
지 은 이 | 안은진
기획/진행 | 김미영
마 케 팅 | 강원경
디 자 인 | 박효은
전　　화 | 031-983-4092
팩　　스 | 031-696-5780
등　　록 | 2013년 2월 22일
정　　가 | 13,000원
홈페이지 | http://www.atio.co.kr

## 왜 스도쿠를 풀어야 할까요?

나이가 들면서 자연스럽게 기억력과 집중력이 조금씩 떨어집니다. 사람 이름이 잘 생각나지 않거나, 어제 한 일이 흐릿해지는 것은 뇌의 활동이 예전보다 둔해졌다는 신호일 수 있습니다.

이러한 변화를 완전히 막을 수는 없지만, 꾸준히 머리를 쓰고 훈련하면 늦추거나 완화하는 데 도움이 됩니다.

스도쿠는 이런 두뇌 건강을 위해 널리 권장되는 퍼즐입니다. 규칙을 따져가며 빈칸에 숫자를 채워 넣는 과정에서 주의력과 기억력을 골고루 자극하게 됩니다. 특히 한 칸을 채울 때 어떤 숫자가 들어갈 수 있는지 머릿속에서 여러 경우를 동시에 생각하며 기억하는 능력이 저절로 훈련됩니다.

이 책은 4×4처럼 간단한 스도쿠부터 시작해, 6×6, 9×9로 점차 난이도를 높여가며 풀 수 있도록 구성되어 있습니다.

처음에는 쉬운 문제로 충분히 연습한 뒤, 조금씩 더 어려운 문제에 도전하며 사고의 폭을 넓히는 것이 생각하는 힘을 키우는 데 더 효과적입니다.

스도쿠를 풀 때는 빠르게 답을 내는 것보다는 차분히 생각하고, 한 칸씩 정확하게 채워 나가는 것이 중요합니다. 그 과정을 통해 머리가 더욱 활발히 움직이고, 기억력과 집중력이 자연스럽게 향상될 것입니다.

또한, 이 책은 문제마다 소요된 시간을 직접 기록할 수 있도록 구성했습니다. 처음보다 점차 풀이 시간이 줄어드는 과정을 보면서 자신의 변화를 확인하고 작은 성취를 느껴보시기를 바랍니다.

# 왜 스도쿠가 기억력에 좋을까요?

스도쿠를 풀 때 우리의 뇌는 세 가지 중요한 기억 활동을 합니다.

## 1. 단기 기억 훈련

- 방금 본 숫자들을 머릿속에 잠시 저장합니다.
- '3번째 줄에 7이 있었지', '왼쪽 위 박스에는 5가 없어' 같은 정보를 기억합니다.

## 2. 작업 기억 강화

- 여러 정보를 동시에 처리하며 문제를 해결합니다.
- 가로줄, 세로줄, 박스의 정보를 모두 고려하면서 답을 찾습니다.

## 3. 패턴 인식 능력 개발

- 반복되는 규칙과 패턴을 기억하고 활용합니다.
- 비슷한 상황에서 이전 경험을 떠올려 빠르게 해결합니다.

이처럼 스도쿠를 꾸준히 하면 다음과 같은 일상 속 기억력 향상에 도움이 됩니다.

- **물건 놓은 곳 기억하기** – 공간 감각과 위치 기억 향상
- **약속과 일정 기억하기** – 순서와 시간 개념 강화
- **사람 이름과 얼굴 기억하기** – 연관 지어 기억하는 능력 향상
- **요리나 생활 순서 기억하기** – 순서대로 기억하는 힘 강화

# 스도쿠는 이렇게 풉니다 (4×4 기준)

**스도쿠 기본 규칙**

- 4×4 스도쿠는 숫자 1, 2, 3, 4만 사용합니다.
- 가로줄(행)에 같은 숫자가 두 번 나오면 안 됩니다.
- 세로줄(열)에 같은 숫자가 두 번 나오면 안 됩니다.
- 작은 네모 칸(2×2) 안에도 같은 숫자가 두 번 들어가면 안 됩니다.

**풀이 예제**

*숫자가 채워진 4×4 스도쿠를 예로 풀어볼게요.

| | | | |
|---|---|---|---|
| | 3 | | 4 |
| 4 | 2 | | 1 |
| | 1 | | 2 |
| 2 | 4 | 1 | 3 |

## 1단계 – 규칙에 맞춰 줄을 살펴보기

첫 번째 가로 줄을 보면 이미 3과 4가 써 있어요.
빈 칸에 1과 2를 각각 넣어야 합니다.
어떤 숫자를 넣어야 할까요?

| | | | |
|---|---|---|---|
| 1.2 | 3 | 1.2 | 4 |
| 4 | 2 | | 1 |
| | 1 | | 2 |
| 2 | 4 | 1 | 3 |

첫 번째 세로 줄을 보면 이미 2가 맨 아래 줄에 써 있어요. 그러므로 첫 번째 칸은 1이 들어가야 합니다. 남은 칸은 자동으로 2가 됩니다

| | | | |
|---|---|---|---|
| 1 | 3 | 2 | 4 |
| 4 | 2 | | 1 |
| | 1 | | 2 |
| 2 | 4 | 1 | 3 |

## 2단계 – 다음 빈 칸을 규칙에 맞춰 살펴보기

세 번째 가로 줄에 이미 1과 2가 써 있어요. 빈 칸에 3과 4를 각각 넣어야 합니다. 어떤 숫자를 넣어야 할까요?

| | | | |
|---|---|---|---|
| 1 | 3 | 2 | 4 |
| 4 | 2 | | 1 |
| 3.4 | 1 | 3.4 | 2 |
| 2 | 4 | 1 | 3 |

첫 번째 세로 줄에는 4와 2가 이미 써 있습니다. 1단계에서 1을 썼고, 남은 숫자는 3입니다. 남은 칸은 자동으로 4가 됩니다.

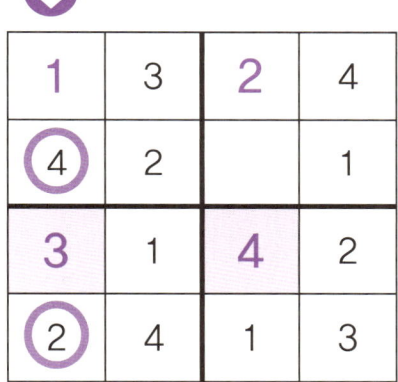

| | | | |
|---|---|---|---|
| 1 | 3 | 2 | 4 |
| 4 | 2 | | 1 |
| 3 | 1 | 4 | 2 |
| 2 | 4 | 1 | 3 |

## 3단계 – 스토쿠를 모두 완성합니다.

각 세로줄에 1~4 한 번씩만 사용!

작은 네모칸에 1~4 한 번씩만 사용!

| | | | |
|---|---|---|---|
| 1 | 3 | 2 | 4 |
| 4 | 2 | 3 | 1 |
| 3 | 1 | 4 | 2 |
| 2 | 4 | 1 | 3 |

각 가로줄에 1~4 한 번씩만 사용!

### 풀이 팁

★ 숫자가 많이 채워진 줄부터 먼저 보세요. 빈칸이 적을수록 답을 찾기 쉬워요.

★ 확실하지 않으면 연필로 작게 숫자를 적어두세요. 나중에 다른 칸이 채워지면 쉽게 답을 찾을 수 있습니다.

★ 소리내어 말하기: "이 줄에는 1, 3이 있으니까 2, 4가 필요해" 하고 소리 내면 기억에 더 오래 남아요.

★ 시간을 재며 문제를 풀어보세요. 기록해두면 실력이 늘어가는 걸 눈으로 볼 수 있어요.

# 01

날짜 : 월 일

시간 : 분 초

<이문-1>

| | | | |
|---|---|---|---|
| 4 | | 1 | 3 |
| 1 | | 4 | |
| 2 | | 3 | 1 |
| 3 | | 2 | 4 |

<이문-2>

| | | | |
|---|---|---|---|
| 1 | | | 3 |
| 4 | 3 | 1 | 2 |
| 2 | 1 | | 4 |
| 3 | | | 1 |

# 02

날짜 : 월 일

시간 : 분 초

<02문-1>

| | | | |
|---|---|---|---|
|  | 1 |  | 4 |
| 4 | 2 | 1 | 3 |
|  | 4 |  | 1 |
| 1 | 3 | 4 |  |

<02문-2>

| | | | |
|---|---|---|---|
|  | 3 | 1 | 4 |
| 4 | 1 | 3 |  |
| 3 |  |  | 1 |
|  |  | 2 | 3 |

# 03

날짜 : 월 일

시간 : 분 초

<03문-1>

| | | | |
|---|---|---|---|
| 3 | | | 1 |
| 4 | 1 | | 2 |
| 2 | 3 | 1 | |
| 1 | 4 | | 3 |

<03문-2>

| | | | |
|---|---|---|---|
| 2 | | | |
| 3 | 4 | | 2 |
| 4 | 3 | 2 | 1 |
| 1 | 2 | 3 | |

# 04

날짜 : 월 일

시간 : 분 초

<04문-1>

| | | | |
|---|---|---|---|
| | 3 | | 1 |
| 4 | 1 | 2 | 3 |
| 1 | | 3 | 2 |
| | | | 4 |

<04문-2>

| | | | |
|---|---|---|---|
| 2 | 4 | 3 | |
| | 3 | 4 | |
| 3 | 1 | | 4 |
| 4 | 2 | | 3 |

# 05

날짜 : 월 일

시간 : 분 초

<05문-1>

| | | | |
|---|---|---|---|
| | 2 | 4 | 3 |
| 4 | 3 | | |
| 3 | 4 | 2 | |
| | 1 | 3 | |

<05문-2>

| | | | |
|---|---|---|---|
| 3 | | | 4 |
| 1 | | 3 | |
| 2 | 3 | 4 | 1 |
| 4 | | | 3 |

# 06

날짜 : 월 일

시간 : 분 초

<06문-1>

| | | | |
|---|---|---|---|
| 2 | 3 | 4 | 1 |
| 4 | 1 | | |
| | | 3 | |
| 3 | 2 | 1 | 4 |

<06문-2>

| | | | |
|---|---|---|---|
| | 4 | 3 | |
| 3 | 2 | 1 | 4 |
| 2 | 3 | 4 | 1 |
| 4 | | | |

# 07

날짜 : 월 일

시간 : 분 초

<07문-1>

| | | | |
|---|---|---|---|
| 3 | | | |
| | | 3 | 2 |
| 2 | 3 | 1 | 4 |
| 1 | 4 | 2 | |

<07문-2>

| | | | |
|---|---|---|---|
| 1 | 4 | | 2 |
| 2 | | 4 | 1 |
| | 1 | 2 | 3 |
| | | 1 | 4 |

# 08

날짜 : 월 일

시간 : 분 초

<08문-1>

| | | | |
|---|---|---|---|
| | 3 | 1 | |
| | 1 | 3 | 4 |
| | 4 | 2 | 1 |
| 1 | 2 | 4 | |

<08문-2>

| | | | |
|---|---|---|---|
| 2 | | 3 | 1 |
| 1 | | | |
| 3 | 1 | 2 | |
| 4 | 2 | | 3 |

# 09

날짜 : 월 일

시간 : 분 초

<09문-1>

| | | | |
|---|---|---|---|
| 4 | 1 | 2 | 3 |
| 2 | | 4 | 1 |
| | | | 2 |
| 3 | | | 4 |

<09문-2>

| | | | |
|---|---|---|---|
| 2 | | 4 | 1 |
| 4 | | 2 | 3 |
| 3 | | 1 | 4 |
| 1 | | | |

# 10

날짜 : 월 일

시간 : 분 초

<10문-1>

| | | | |
|---|---|---|---|
| 4 | | | |
| 1 | 2 | | 3 |
| 2 | 1 | 3 | |
| 3 | | 2 | 1 |

<10문-2>

| | | | |
|---|---|---|---|
| 1 | 4 | | |
| 3 | | 4 | 1 |
| 2 | | 1 | 4 |
| 4 | | | 2 |

# 11

날짜 : 월 일

시간 : 분 초

<11문-1>

| | | | |
|---|---|---|---|
| | 3 | 1 | |
| | | | 3 |
| | | | |
| | 1 | | 2 |

<11문-2>

| | | | |
|---|---|---|---|
| | | | 3 |
| 4 | | 2 | 1 |
| | | 1 | 2 |
| | | 3 | |

# 12

날짜 : 월 일

시간 : 분 초

<12문-1>

| | | | |
|---|---|---|---|
| 2 | | | |
| 1 | 4 | 3 | |
| | 1 | | |
| | | 1 | 4 |

<12문-2>

| | | | |
|---|---|---|---|
| 3 | 1 | | 4 |
| | | 3 | |
| 1 | 3 | | |
| | 2 | | |

# 13

날짜 : 월 일

시간 : 분 초

<13문-1>

| | | | |
|---|---|---|---|
| | 4 | | |
| | 3 | | |
| | | | 4 |
| | 2 | 1 | |

<13문-2>

| | | | |
|---|---|---|---|
| 2 | | 4 | |
| | | 1 | |
| 4 | | 2 | 1 |
| 1 | | | |

# 14

날짜 : 월 일

시간 : 분 초

<14문-1>

| | | | |
|---|---|---|---|
| | 4 | | 1 |
| 1 | | | 3 |
| | | 3 | |
| 4 | 3 | 1 | |

<14문-2>

| | | | |
|---|---|---|---|
| | | | 2 |
| 4 | | 1 | 3 |
| | 1 | | |
| | 4 | | 1 |

# 15

날짜 : 월 일

시간 : 분 초

<15문-1>

| | | | |
|---|---|---|---|
| | 3 | | |
| 4 | | | |
| | 1 | 2 | |
| 2 | | 3 | 1 |

<15문-2>

| | | | |
|---|---|---|---|
| 3 | | | 4 |
| | | | 2 |
| 2 | | 4 | 1 |
| | | 2 | 3 |

# 16

날짜 : 월 일

시간 : 분 초

<16문-1>

| | | | |
|---|---|---|---|
| | | | 2 |
| | 4 | | |
| | | | 4 |
| 4 | 2 | | |

<16문-2>

| | | | |
|---|---|---|---|
| 3 | | 2 | 4 |
| 2 | | | |
| 4 | | 1 | 3 |
| | | | 2 |

# 17

날짜 : 월 일

시간 : 분 초

<17문-1>

| | | | |
|---|---|---|---|
| 4 | | | 3 |
| | | 4 | 1 |
| | | | |
| 3 | | | |

<17문-2>

| | | | |
|---|---|---|---|
| | | 1 | |
| | 1 | | |
| 1 | 3 | 4 | 2 |
| 2 | 4 | | |

# 18

날짜 : 월 일

시간 : 분 초

<18문-1>

| | | | |
|---|---|---|---|
| | | 1 | |
| | 1 | 2 | |
| 1 | 4 | | |
| | 3 | 4 | |

<18문-2>

| | | | |
|---|---|---|---|
| 4 | 1 | 2 | |
| | | 1 | |
| 1 | | | 2 |
| | | | 1 |

# 19

날짜 : 월 일

시간 : 분 초

<19문-1>

| | | | |
|---|---|---|---|
| 3 | 4 | 2 | |
| 2 | | | |
| | | | |
| | 2 | | |

<19문-2>

| | | | |
|---|---|---|---|
| 1 | | | |
| | 3 | 1 | 2 |
| 2 | | | |
| 3 | | | 1 |

# 20

날짜 : 월 일

시간 : 분 초

<20문-1>

| | | | |
|---|---|---|---|
| 3 | 1 | 2 | |
| | | | 3 |
| | | 3 | 1 |
| | | 4 | |

<20문-2>

| | | | |
|---|---|---|---|
| | | | 2 |
| | 2 | | |
| 2 | | | |
| 1 | | 2 | |

# 21

날짜 : 월 일

시간 : 분 초

<21문-1>

| | | | |
|---|---|---|---|
| 3 | | 2 | 1 |
| 1 | 2 | 4 | |
| | 3 | | 2 |
| | | | |

<21문-2>

| | | | |
|---|---|---|---|
| 4 | 3 | | |
| 1 | 2 | | |
| | | 3 | |
| 3 | 4 | 2 | |

# 22

날짜 : 월 일

시간 : 분 초

<22문-1>

| | | | |
|---|---|---|---|
| | 4 | | |
| | 2 | 4 | 1 |
| | | 3 | 2 |
| | 3 | | 4 |

<22문-2>

| | | | |
|---|---|---|---|
| 1 | 2 | | |
| 4 | | | |
| 2 | 1 | | |
| | | 1 | 2 |

# 23

날짜 : 월 일

시간 : 분 초

<23문-1>

| | | | |
|---|---|---|---|
| | | 2 | 3 |
| 2 | | 4 | |
| 1 | | | |
| | 2 | | 4 |

<23문-2>

| | | | |
|---|---|---|---|
| 1 | | 3 | |
| 3 | | 1 | |
| | | | |
| | 3 | | |

# 24

날짜 : 월 일

시간 : 분 초

<24문-1>

| | | | |
|---|---|---|---|
| | | 4 | |
| | 1 | 2 | |
| 3 | | 1 | 4 |
| | 4 | | |

<24문-2>

| | | | |
|---|---|---|---|
| | | 4 | |
| 4 | 3 | 1 | 2 |
| | 1 | 3 | |
| | | | |

# 25

날짜 : 월 일

시간 : 분 초

<25문-1>

| | | | |
|---|---|---|---|
| | 2 | | |
| | | 1 | |
| 2 | | 4 | 3 |
| | 3 | | 1 |

<25문-2>

| | | | |
|---|---|---|---|
| | | 2 | |
| 3 | 2 | 1 | |
| 1 | | 3 | |
| 2 | | | 1 |

# 26

날짜 : 월 일

시간 : 분 초

<26문-1>

| | | | |
|---|---|---|---|
| | 3 | 2 | |
| | | | 1 |
| | 4 | 1 | 3 |
| | 1 | | 2 |

<26문-2>

| | | | |
|---|---|---|---|
| | | 1 | |
| | 1 | 3 | |
| | | | |
| | | 2 | 3 |

# 27

날짜 : 월 일

시간 : 분 초

<27문-1>

| | | | |
|---|---|---|---|
| 3 | 1 | 4 | |
| 4 | | 3 | 1 |
| | | | 3 |
| | | | |

<27문-2>

| | | | |
|---|---|---|---|
| | | 4 | |
| | | 1 | 2 |
| 2 | | 3 | 4 |
| | | | 1 |

# 28

날짜 : 월 일

시간 : 분 초

<28문-1>

| | | | |
|---|---|---|---|
| 2 | | | 3 |
| | | | 2 |
| | | 2 | |
| | | 3 | |

<28문-2>

| | | | |
|---|---|---|---|
| | | 4 | 2 |
| 2 | 4 | | |
| 3 | | | |
| 4 | 2 | | 3 |

# 29

날짜 : 월 일

시간 : 분 초

<29문-1>

| | | | | | |
|---|---|---|---|---|---|
| 6 | 1 | 2 | | | 4 |
| 5 | 4 | 3 | | 1 | |
| 2 | | 6 | | 4 | 1 |
| | 5 | 4 | 2 | | 3 |
| | 6 | 1 | 4 | 2 | |
| 4 | 2 | | 1 | 3 | 6 |

<29문-2>

| | | | | | |
|---|---|---|---|---|---|
| 4 | 6 | 3 | 1 | 2 | |
| 1 | 2 | 5 | | 6 | 3 |
| 2 | 3 | 4 | 5 | | 6 |
| | 1 | | 3 | 4 | 2 |
| 6 | | | | 3 | 4 |
| | 4 | | 6 | 5 | |

# 30

날짜 : 월 일

시간 : 분 초

<30문-1>

| | | | | | |
|---|---|---|---|---|---|
| 5 | | 1 | 3 | 2 | |
| 2 | 6 | 3 | 1 | 5 | |
| 4 | 1 | | | | 2 |
| 3 | 2 | 5 | | | |
| 6 | 3 | 2 | 4 | 1 | 5 |
| 1 | | 4 | 2 | | 3 |

<30문-2>

| | | | | | |
|---|---|---|---|---|---|
| | | 3 | 4 | | 6 |
| 4 | 1 | 6 | | | |
| 3 | 6 | 4 | | 5 | 1 |
| | 2 | 1 | 6 | 4 | 3 |
| 6 | 3 | | | 2 | |
| 1 | | 2 | 3 | 6 | 5 |

# 31

날짜 : 월 일

시간 : 분 초

<31문-1>

| | | | | | |
|---|---|---|---|---|---|
| 2 | 1 | 5 | 6 | | 3 |
| 4 | | | 2 | | |
| 5 | 2 | 1 | 3 | 6 | 4 |
| 3 | 4 | | 5 | | |
| 6 | | 4 | 1 | 2 | |
| 1 | 5 | | | 3 | 6 |

<31문-2>

| | | | | | |
|---|---|---|---|---|---|
| | | 1 | | 5 | 2 |
| 4 | 2 | | 1 | 3 | |
| | 6 | 2 | | 4 | 1 |
| 1 | 4 | 3 | | 2 | 5 |
| 3 | | 6 | 2 | | 4 |
| | 1 | 4 | | 6 | 3 |

# 32

날짜 : 월 일

시간 : 분 초

<32문-1>

| | | | | | |
|---|---|---|---|---|---|
| | 4 | | | 6 | |
| 3 | 5 | 6 | 1 | 2 | |
| 2 | 6 | 3 | 5 | 4 | 1 |
| | 1 | | | 3 | 2 |
| | | 4 | 2 | | 6 |
| | 2 | 1 | 4 | 5 | 3 |

<32문-2>

| | | | | | |
|---|---|---|---|---|---|
| 3 | 5 | | 6 | 1 | 2 |
| | 1 | 2 | | | |
| 2 | | | 5 | 4 | 6 |
| 5 | 4 | 6 | | | 1 |
| 1 | 6 | 3 | 2 | 5 | |
| 4 | | 5 | | 6 | 3 |

# 33

날짜 : 월 일

시간 : 분 초

<33문-1>

| | | | | | |
|---|---|---|---|---|---|
| 1 | 4 | 2 | | 3 | 5 |
| | 3 | 5 | 4 | 1 | |
| | 6 | | | | 4 |
| 4 | 2 | | 5 | 6 | 1 |
| 2 | | 6 | 1 | | 3 |
| 3 | 1 | 4 | | 5 | |

<33문-2>

| | | | | | |
|---|---|---|---|---|---|
| 6 | 2 | 1 | 5 | | |
| 3 | | 4 | 2 | | |
| 4 | 6 | 2 | 1 | | 3 |
| | 1 | | | 2 | 6 |
| | 4 | 6 | 3 | 1 | 5 |
| 1 | 3 | 5 | 6 | | |

# 34

날짜 : 월 일

시간 : 분 초

<34문-1>

| | | | | | |
|---|---|---|---|---|---|
| | | 3 | 2 | | 6 |
| 4 | 6 | 2 | | | 5 |
| 2 | | 6 | 5 | | 4 |
| 1 | 4 | 5 | 6 | 2 | |
| 6 | | 4 | 3 | 5 | 1 |
| | 5 | | 4 | 6 | |

<34문-2>

| | | | | | |
|---|---|---|---|---|---|
| 3 | | 2 | 1 | | 5 |
| 1 | 5 | 6 | 3 | | |
| 2 | 6 | 4 | | 1 | |
| | 3 | 1 | 2 | | 6 |
| | 1 | | 6 | 5 | |
| 6 | 2 | 5 | 4 | 3 | |

# 35

날짜 : 월 일

시간 : 분 초

<35문-1>

| | | | | | |
|---|---|---|---|---|---|
| | 5 | 1 | | 6 | 2 |
| 4 | 2 | | 3 | 1 | 5 |
| 6 | | | 5 | 3 | |
| | 3 | 4 | 6 | | 1 |
| 2 | | 3 | 1 | 5 | |
| 1 | 6 | | | 4 | 3 |

<35문-2>

| | | | | | |
|---|---|---|---|---|---|
| 2 | 6 | 4 | 5 | | 1 |
| | 1 | 5 | 2 | 4 | |
| 6 | | 1 | 3 | 5 | 2 |
| | 3 | | | 6 | |
| | 2 | 3 | 6 | 1 | |
| 1 | | 6 | 4 | | 3 |

## 36

날짜 : 월 일

시간 : 분 초

<36문-1>

| | | | | | |
|---|---|---|---|---|---|
| 1 | 5 | | 4 | | 3 |
| 3 | 4 | | | 6 | 1 |
| 2 | 1 | 5 | | | 6 |
| | | 3 | 1 | 5 | 2 |
| 5 | 2 | 1 | 6 | | |
| 6 | 3 | 4 | | 1 | |

<36문-2>

| | | | | | |
|---|---|---|---|---|---|
| 2 | | | | 6 | 1 |
| | 5 | 6 | 3 | 2 | 4 |
| 5 | | | 6 | 3 | 2 |
| | 6 | 2 | 1 | 4 | |
| 6 | 2 | 5 | 4 | | 3 |
| 4 | | 1 | | | 6 |

# 37

날짜 : 월 일

시간 : 분 초

<37문-1>

| | | | | | |
|---|---|---|---|---|---|
| 5 | 2 | 6 | 4 | 1 | |
| 4 | 1 | | 5 | | 6 |
| 3 | | 2 | | | |
| 1 | 6 | 4 | | | 2 |
| 6 | 4 | 1 | | 3 | |
| | 3 | 5 | 6 | 4 | |

<37문-2>

| | | | | | |
|---|---|---|---|---|---|
| 3 | | | 5 | | 2 |
| | 5 | 1 | 4 | | 3 |
| 4 | 3 | 2 | | 5 | 1 |
| 1 | 6 | | | 2 | 4 |
| 5 | | 4 | 2 | | |
| 6 | 2 | 3 | 1 | 4 | |

# 38

날짜 : 월 일

시간 : 분 초

<38문-1>

| | | | | | |
|---|---|---|---|---|---|
| 2 | 4 | 3 | 1 | | 5 |
| 6 | 1 | 5 | 4 | 2 | |
| | | 1 | 3 | | 2 |
| | 2 | 4 | 6 | 5 | 1 |
| 1 | | 6 | 2 | | 4 |
| 4 | 3 | | | | |

<38문-2>

| | | | | | |
|---|---|---|---|---|---|
| 4 | | 3 | 6 | | 5 |
| 6 | 2 | | 3 | 1 | 4 |
| | 5 | 4 | 1 | | 6 |
| 1 | | 6 | 5 | 4 | |
| 3 | 6 | 2 | | | 1 |
| 5 | | | 2 | | 3 |

# 39

날짜 : 월 일

시간 : 분 초

<39문-1>

| | | | | | |
|---|---|---|---|---|---|
| 5 | 1 | 4 | 2 | 3 | |
| 3 | | | | 1 | 4 |
| | 5 | 3 | 6 | | |
| 4 | 6 | | | 2 | 5 |
| 6 | | | 1 | 5 | 3 |
| 1 | 3 | 5 | 4 | | 2 |

<39문-2>

| | | | | | |
|---|---|---|---|---|---|
| 6 | 4 | | 3 | 1 | |
| 2 | 1 | | 5 | 4 | |
| 5 | 6 | 4 | 2 | | 1 |
| | 2 | 1 | | 5 | 4 |
| 1 | | | | 6 | 3 |
| | 3 | 6 | 1 | | 5 |

# 40

날짜 : 월 일

시간 : 분 초

<40문-1>

| | | | | | |
|---|---|---|---|---|---|
| 6 | | 2 | | 4 | |
| 3 | | 5 | 1 | 6 | 2 |
| 5 | 6 | 1 | 2 | | 4 |
| 4 | 2 | | | 1 | |
| 1 | 5 | | 3 | 2 | |
| | 3 | 6 | 4 | 5 | |

<40문-2>

| | | | | | |
|---|---|---|---|---|---|
| | 1 | | | | 2 |
| 2 | | 6 | 1 | 5 | 4 |
| 1 | 4 | 3 | 2 | 6 | |
| 5 | 6 | 2 | 4 | 1 | |
| | | 1 | 5 | | 6 |
| | 5 | 4 | 3 | 2 | |

# 41

날짜 : 월 일

시간 : 분 초

<41문-1>

| | | | | | |
|---|---|---|---|---|---|
| 1 | 3 | 6 | | | 5 |
| 4 | | 5 | | 3 | 1 |
| | 1 | 2 | 4 | 5 | |
| 5 | 4 | 3 | | | 6 |
| 3 | 6 | 4 | 5 | 1 | |
| | | 1 | 3 | 6 | |

<41문-2>

| | | | | | |
|---|---|---|---|---|---|
| 5 | 2 | 4 | | 1 | 3 |
| 6 | | | | 5 | |
| | 6 | 5 | | 4 | |
| 4 | 3 | 1 | | 2 | |
| 1 | 5 | 6 | | 3 | 2 |
| | 4 | | | | 5 |

# 42

날짜 : 월 일

시간 : 분 초

<42-1>

| | | | | | |
|---|---|---|---|---|---|
| 4 | 5 | 6 | 1 | 3 | |
| 2 | | 3 | 6 | | |
| 5 | 6 | 2 | | | 3 |
| 3 | | 1 | 2 | | 5 |
| | 2 | 5 | 3 | 4 | |
| 6 | 3 | 4 | 5 | 2 | |

<42문-2>

| | | | | | |
|---|---|---|---|---|---|
| 5 | 2 | | 1 | 4 | 3 |
| 1 | | | 5 | 6 | |
| 2 | 6 | | 4 | 5 | 1 |
| | 5 | 1 | 2 | 3 | 6 |
| | 1 | | 3 | | |
| | 4 | 2 | 6 | | 5 |

# 43

날짜 : 월 일

시간 : 분 초

<43문-1>

| | | | | | |
|---|---|---|---|---|---|
| 6 | 3 | | 2 | | 4 |
| 5 | 2 | | 1 | 6 | 3 |
| 4 | 1 | | 3 | 2 | |
| | | 2 | | | 1 |
| | 6 | 5 | 4 | 3 | 2 |
| 2 | 4 | 3 | 5 | | 6 |

<43문-2>

| | | | | | |
|---|---|---|---|---|---|
| 1 | | | | 5 | |
| 3 | 4 | 5 | | 2 | 6 |
| 2 | 5 | 3 | | | 4 |
| 6 | | 4 | 5 | 3 | 2 |
| 4 | 3 | | 2 | 6 | 5 |
| 5 | | 2 | | 4 | |

# 44

날짜 : 월 일

시간 : 분 초

<44문-1>

| | | | | | |
|---|---|---|---|---|---|
| 5 | 2 | 3 | 1 | | |
| | 1 | | 3 | 2 | 5 |
| 1 | 6 | 4 | 5 | | 2 |
| 3 | 5 | | 4 | 6 | 1 |
| 2 | 3 | 1 | | 5 | 4 |
| 6 | | | | | 3 |

<44문-2>

| | | | | | |
|---|---|---|---|---|---|
| 6 | 3 | 4 | 5 | 2 | 1 |
| | 1 | | | 4 | 3 |
| 1 | | | | 6 | |
| 4 | 2 | 6 | 3 | | 5 |
| 3 | 4 | 1 | | 5 | |
| | 6 | 5 | 1 | 3 | |

# 45

날짜 : 월 일

시간 : 분 초

<45문-1>

| | | | | | |
|---|---|---|---|---|---|
| | | 2 | 1 | 6 | 5 |
| 6 | | 1 | 4 | 2 | |
| | 2 | 4 | 6 | 5 | 1 |
| | | 5 | 3 | | 2 |
| 2 | | 3 | 5 | 1 | 6 |
| 5 | | | | 3 | 4 |

<45문-2>

| | | | | | |
|---|---|---|---|---|---|
| 3 | | 1 | 5 | 6 | 4 |
| 6 | 4 | 5 | | 2 | |
| | 6 | 2 | 4 | 3 | 5 |
| 5 | 3 | | | 1 | 2 |
| 2 | | 6 | | | 3 |
| | 1 | | 2 | 5 | |

# 46

날짜 : 월 일

시간 : 분 초

<46문-1>

| | | | | | |
|---|---|---|---|---|---|
| 4 | | 3 | 2 | | 1 |
| 2 | | 6 | | 5 | |
| 1 | 4 | | 5 | 3 | |
| 6 | 3 | 5 | | | 2 |
| | 6 | 4 | 1 | | 3 |
| 3 | 2 | 1 | 6 | 4 | 5 |

<46문-2>

| | | | | | |
|---|---|---|---|---|---|
| | | | | | 3 |
| 3 | 4 | 6 | 1 | | 2 |
| 1 | | 2 | 6 | 4 | 5 |
| 6 | 5 | 4 | 2 | 3 | |
| 4 | 2 | 3 | 5 | | 6 |
| | 6 | 1 | 3 | 2 | |

# 47

날짜 : 월 일

시간 : 분 초

<47문-1>

| | | | | | |
|---|---|---|---|---|---|
| 1 | | | 4 | 3 | 5 |
| | 4 | | | 1 | 6 |
| 2 | 3 | | 6 | 4 | 1 |
| | 1 | | 3 | 5 | |
| 3 | 2 | 1 | 5 | | 4 |
| | 5 | 6 | 1 | 2 | 3 |

<47문-2>

| | | | | | |
|---|---|---|---|---|---|
| 1 | 6 | 5 | | 2 | 4 |
| 2 | | 4 | 5 | | 6 |
| | 2 | 1 | 4 | 5 | 3 |
| 4 | 5 | | 1 | | 2 |
| | 1 | 6 | 2 | 4 | 5 |
| | | | | 3 | 1 |

날짜 :　　월　　일

시간 :　　분　　초

<48문-1>

| 6 | 1 | 4 |   | 3 | 2 |
|---|---|---|---|---|---|
|   |   | 3 | 6 | 4 | 1 |
|   |   | 2 | 4 |   | 5 |
|   | 6 | 5 | 2 | 1 |   |
| 3 | 2 |   |   | 5 | 4 |
| 5 |   | 1 | 3 |   | 6 |

<48문-2>

| 6 |   | 3 | 1 |   | 4 |
|---|---|---|---|---|---|
|   | 5 | 4 | 2 | 3 | 6 |
| 3 | 1 | 6 | 5 |   | 2 |
| 2 |   | 5 |   |   | 1 |
|   | 6 | 2 |   | 1 |   |
| 4 | 3 |   |   | 2 | 5 |

# 49

날짜 : 월 일

시간 : 분 초

| | | | | | | | | |
|---|---|---|---|---|---|---|---|---|
| | 2 | | | 9 | | | 1 | 6 |
| | 1 | 7 | 2 | | | | 5 | |
| | 5 | | 1 | 6 | | | 8 | 2 |
| 2 | 8 | | 5 | 4 | | | | 1 |
| 5 | 9 | | 7 | 1 | 6 | 2 | | 8 |
| 1 | 7 | 6 | 8 | 2 | 3 | 4 | 9 | 5 |
| 9 | 4 | 5 | | 7 | 1 | | | 3 |
| | 6 | | 3 | | 2 | | 4 | |
| 8 | 3 | | 9 | 5 | 4 | | | |

# 50

날짜 : 월 일

시간 : 분 초

| | | | | | | | | |
|---|---|---|---|---|---|---|---|---|
| 6 | 7 | | | 2 | 1 | | 3 | 5 |
| | 5 | 3 | 7 | 9 | 6 | 4 | | 2 |
| 4 | | 1 | | | 8 | 7 | 6 | 9 |
| 9 | 6 | 7 | | 4 | 2 | | 5 | |
| 3 | 8 | | 6 | 7 | | 1 | 2 | |
| | | | 8 | 5 | | 6 | 9 | 7 |
| 7 | | 6 | 2 | 1 | | | 8 | 3 |
| | 3 | | 9 | | | 2 | | 1 |
| 2 | 1 | 4 | 3 | 8 | 5 | | 7 | |

# 51

날짜 : 월 일

시간 : 분 초

| | | | | | | | | |
|---|---|---|---|---|---|---|---|---|
| 8 | 7 | 2 | 5 | | | 1 | 3 | 4 |
| | 3 | 4 | | 8 | 7 | | 9 | |
| 5 | | 6 | | 1 | | 2 | | |
| 7 | 2 | | 9 | 6 | 5 | | | 1 |
| 3 | 4 | | 8 | | 2 | 9 | | 5 |
| 9 | | 5 | 1 | 3 | | | | |
| 2 | | | 6 | 5 | | | | 3 |
| | 1 | 3 | | 2 | 8 | 6 | 5 | |
| | 5 | 9 | 3 | 4 | | 7 | 2 | 8 |

## 52

날짜 : 월 일

시간 : 분 초

| | | | | | | | | |
|---|---|---|---|---|---|---|---|---|
| | 7 | 4 | | | | 9 | | 6 |
| | 3 | 1 | 6 | | 5 | 7 | 4 | 8 |
| | 5 | | 4 | | | 2 | | |
| 3 | 1 | 2 | | 5 | 6 | | 8 | 7 |
| | 6 | 9 | 8 | 7 | 4 | | 1 | 2 |
| 7 | 4 | | | 2 | 3 | 5 | 6 | 9 |
| | 9 | | | 4 | 8 | 1 | 2 | |
| | | 3 | 5 | 6 | 9 | 8 | 7 | 4 |
| 4 | 8 | | 2 | 3 | | 6 | 9 | |

# 53

날짜 : 월 일

시간 : 분 초

| | | | | | | | | |
|---|---|---|---|---|---|---|---|---|
| 9 | 2 | 6 | 7 | | 8 | | 1 | 5 |
| | 3 | 1 | | 6 | 2 | 7 | | 4 |
| 7 | | 4 | 3 | | | 2 | 6 | 9 |
| 8 | 4 | 7 | 1 | | | | 9 | 2 |
| | 6 | 9 | 8 | 7 | 4 | 1 | 5 | 3 |
| | | 5 | | 9 | 6 | 8 | 4 | |
| | 7 | 8 | 5 | | | | | 6 |
| | | 2 | 4 | | 7 | | | 1 |
| | | 3 | 6 | 2 | | | | |

# 54

날짜 : 월 일

시간 : 분 초

| | | | | | | | | |
|---|---|---|---|---|---|---|---|---|
| 4 | 6 | 2 | 5 | 3 | 9 | | 8 | 1 |
| | 7 | 1 | 4 | 2 | 6 | | | 9 |
| 3 | 5 | 9 | | | 7 | | 2 | |
| | | 4 | 9 | | 3 | | | 8 |
| | | 8 | 6 | 4 | 2 | 9 | 5 | 3 |
| | 9 | 3 | 7 | 8 | 1 | | | |
| 2 | 4 | 6 | | | 5 | 8 | 1 | 7 |
| 1 | 8 | | 2 | 6 | 4 | | | 5 |
| | 3 | | 1 | | 8 | 2 | 6 | |

# 55

날짜 : 월 일

시간 : 분 초

| | | | | | | | | |
|---|---|---|---|---|---|---|---|---|
| | 2 | 3 | 6 | 9 | 8 | 4 | | 5 |
| 1 | | 4 | 7 | 2 | 3 | 6 | | |
| | 6 | 9 | 5 | 4 | | 2 | | 7 |
| 2 | 3 | 7 | | 8 | 6 | | | 4 |
| 6 | 9 | 8 | | 1 | | | 7 | 2 |
| 5 | | 1 | | 3 | 7 | | 8 | |
| 3 | | | 8 | | 9 | 5 | 4 | 1 |
| | | 5 | | 7 | 2 | 8 | 6 | |
| | 8 | 6 | | 5 | | 7 | 2 | 3 |

## 56

날짜 : 월 일

시간 : 분 초

| | | | | | | | | |
|---|---|---|---|---|---|---|---|---|
| 3 | | | | | 1 | 7 | | 5 |
| 7 | | 8 | 2 | 3 | 9 | 4 | 1 | 6 |
| | 6 | 1 | | 7 | | 3 | 9 | 2 |
| | | 3 | 8 | | 4 | 5 | 7 | |
| 5 | 9 | | 1 | | | | 4 | |
| | 8 | 4 | 9 | 5 | 7 | 2 | 3 | |
| 1 | | 2 | | 8 | 6 | 9 | 5 | 3 |
| 9 | | 5 | | 1 | | 8 | 6 | 7 |
| 8 | | 6 | 3 | 9 | 5 | | | 4 |

# 57

날짜 : 월 일

시간 : 분 초

| | | | | | | | | |
|---|---|---|---|---|---|---|---|---|
| 3 | | 5 | 7 | 9 | | 4 | | |
| 7 | 9 | 2 | | | | 3 | 5 | 6 |
| 1 | 4 | | 5 | | 6 | | 2 | 9 |
| 6 | | 3 | | 2 | 7 | 8 | 4 | 1 |
| 9 | | | 4 | 8 | 1 | 6 | 3 | 5 |
| 4 | 8 | | 3 | 6 | 5 | 9 | 7 | 2 |
| 5 | 3 | | 2 | | 9 | | 8 | |
| 2 | 7 | | | 1 | | | 6 | |
| | 1 | | | 5 | | 2 | 9 | 7 |

# 58

날짜 : 월 일

시간 : 분 초

| | | | | | | | | |
|---|---|---|---|---|---|---|---|---|
| 7 | | | 5 | 8 | | | | 2 |
| | | | | 1 | | | 6 | |
| 8 | 5 | | | | 2 | 1 | 4 | 7 |
| 9 | | 2 | 1 | 4 | 7 | 6 | | 8 |
| 6 | | 5 | 9 | | 3 | 4 | 7 | |
| 1 | 7 | 4 | 8 | | 5 | | | 3 |
| | | 8 | 2 | 3 | 9 | 7 | 1 | 4 |
| | | 3 | | 7 | 1 | 5 | | 6 |
| 4 | 1 | | | | 8 | 2 | 3 | 9 |

# 59

날짜 : 월 일

시간 : 분 초

| | | | | | | | | |
|---|---|---|---|---|---|---|---|---|
| 3 | 1 | 2 | | 6 | 9 | 8 | 4 | 7 |
| 6 | 9 | | 8 | | 7 | 1 | | |
| 4 | 7 | 8 | 1 | | | 9 | 5 | |
| 8 | | | 3 | 1 | 2 | | 9 | 5 |
| | | | | | 4 | 3 | | |
| | 3 | 1 | 9 | 5 | 6 | | | 4 |
| 9 | 5 | 6 | 4 | | | 2 | 3 | |
| | 2 | | 6 | 9 | 5 | 4 | | 8 |
| | | | 2 | 3 | 1 | | | 9 |

## 60

날짜 :  월  일

시간 :  분  초

| | | | | | | | | |
|---|---|---|---|---|---|---|---|---|
| | 3 | 5 | 8 | | | 6 | 2 | 4 |
| | 1 | 9 | 2 | 6 | 4 | | | 3 |
| 2 | 4 | 6 | 7 | | | | 8 | 1 |
| 9 | 8 | | | 3 | | 1 | 5 | 7 |
| | | 1 | | 4 | | | 6 | 2 |
| 6 | | 3 | 5 | 1 | 7 | 4 | | 8 |
| 3 | 6 | 7 | | 8 | | 2 | 4 | |
| 1 | 5 | | | 2 | 9 | | 3 | |
| 4 | | 2 | 3 | 7 | 6 | | 1 | 5 |

# 61

날짜 : 월 일

시간 : 분 초

| | | | | | | | | |
|---|---|---|---|---|---|---|---|---|
| 7 | 2 | 4 | 3 | 1 | 9 | 8 | 6 | 5 |
| 5 | | 8 | 7 | | 4 | 1 | 3 | |
| | 3 | | 5 | | | 2 | 7 | 4 |
| | 7 | 2 | 9 | 3 | 1 | 6 | | |
| | | | 4 | 7 | 2 | 3 | 9 | 1 |
| 1 | | 3 | | | 6 | | | 2 |
| 3 | | 9 | | | | | 2 | |
| 6 | 8 | 5 | 2 | | 7 | 9 | 1 | |
| 2 | 4 | | 1 | 9 | | 5 | 8 | 6 |

## 62

날짜 : 월 일

시간 : 분 초

| | | | | | | | | |
|---|---|---|---|---|---|---|---|---|
| | | 3 | 6 | | 5 | | 9 | 1 |
| 2 | 6 | 5 | | 9 | 1 | 4 | 8 | 3 |
| 9 | | | | | 3 | 6 | 2 | |
| 1 | | 4 | 2 | 3 | 6 | 9 | 5 | |
| 3 | 2 | 6 | | | 7 | 8 | | 4 |
| 5 | 9 | | 8 | 1 | 4 | | | |
| 6 | | 9 | 1 | 7 | | 3 | | 2 |
| 7 | 1 | 8 | | 4 | | 5 | 6 | 9 |
| 4 | 3 | 2 | | | | 1 | 7 | |

# 63

날짜 : 월 일

시간 : 분 초

| | | | | | | | | |
|---|---|---|---|---|---|---|---|---|
| 2 | 4 | 9 | | | | 3 | 6 | 1 |
| | 6 | 1 | 9 | 2 | 4 | | 5 | |
| 8 | 5 | 7 | 1 | | 6 | 2 | | 9 |
| 4 | 7 | | | 5 | 1 | 6 | | |
| 5 | 1 | 8 | 3 | | | 4 | 7 | |
| 6 | | | | | 7 | 5 | | 8 |
| 1 | 3 | 5 | | 9 | 2 | 7 | 8 | |
| 9 | 2 | | | 7 | 8 | 1 | 3 | |
| | 8 | | 5 | | 3 | 9 | 2 | 6 |

# 64

날짜 : 월 일

시간 : 분 초

| | | | | | | | | |
|---|---|---|---|---|---|---|---|---|
| 4 | 7 | | 5 | | 6 | 2 | 3 | |
| | 5 | | | 2 | 1 | 4 | 9 | 7 |
| | 3 | | | 4 | 7 | 6 | 8 | 5 |
| | 2 | 1 | 4 | | 9 | | 6 | 8 |
| 7 | 9 | | 8 | 6 | 5 | 1 | 2 | |
| | 8 | | | 1 | 3 | 7 | | |
| | | 3 | 7 | 9 | | 8 | 5 | |
| 8 | 6 | 5 | 1 | 3 | 2 | 9 | | 4 |
| | 4 | | | 5 | 8 | | 1 | 2 |

# 65

날짜 : 월 일

시간 : 분 초

| | | | | | | | | |
|---|---|---|---|---|---|---|---|---|
| 4 | | 6 | 8 | 5 | 1 | | 3 | 7 |
| 7 | | 3 | 4 | | 9 | 5 | 8 | |
| | 8 | | 2 | | 3 | 4 | 9 | |
| | 1 | 5 | | 2 | 7 | | 6 | 4 |
| 2 | 3 | 7 | 9 | | | 8 | 1 | 5 |
| 9 | 6 | | | 8 | | | | |
| 6 | 4 | 9 | 5 | 1 | 8 | | 2 | |
| 3 | 7 | 2 | 6 | | 4 | | | 8 |
| 1 | 5 | | | 3 | 2 | 6 | 4 | |

# 66

날짜 : 월 일

시간 : 분 초

| | | | | | | | | |
|---|---|---|---|---|---|---|---|---|
| | 5 | 4 | | 6 | | 8 | | |
| | 7 | 1 | | | 8 | 4 | 2 | 5 |
| 3 | | 8 | 4 | | | | 1 | |
| | 8 | 3 | 2 | 5 | 4 | 1 | 6 | 7 |
| | 1 | 6 | 9 | | 3 | 2 | | 4 |
| | 4 | | | 7 | | | | 8 |
| 8 | | | 5 | 4 | 2 | 6 | | 1 |
| 1 | | | 8 | 3 | | 5 | 4 | 2 |
| 4 | 2 | | | 1 | | 9 | 8 | 3 |

## 67

날짜 : 월 일

시간 : 분 초

| | | | | | | | | |
|---|---|---|---|---|---|---|---|---|
| | | 1 | | 6 | 2 | | 5 | |
| 6 | 2 | | 5 | 4 | 7 | 3 | | |
| | 7 | 5 | 1 | 9 | 3 | 2 | 8 | |
| | | 9 | 6 | | | | | |
| 3 | 5 | 4 | | 2 | | 8 | | 7 |
| 7 | | 6 | 4 | 3 | 5 | 1 | | 2 |
| 8 | 9 | 2 | 7 | 5 | 6 | | 3 | 1 |
| 1 | 4 | 3 | 2 | 8 | 9 | 6 | 7 | |
| 5 | | | 3 | 1 | | 9 | | 8 |

68

날짜 : 월 일

시간 : 분 초

| | | | | | | | | |
|---|---|---|---|---|---|---|---|---|
| 4 | 2 | | | 5 | | 3 | 8 | 1 |
| 7 | 5 | | 1 | 3 | | | | 2 |
| | | 1 | | | 6 | | | 5 |
| 1 | 8 | | 4 | 6 | | 9 | | |
| 6 | | 2 | | 7 | | | 1 | 3 |
| 9 | 7 | | 3 | 8 | 1 | | 2 | 4 |
| | | 8 | 6 | | 4 | 5 | 7 | |
| 2 | 6 | 4 | 7 | | 5 | 1 | 3 | 8 |
| | | 7 | 8 | 1 | | 2 | 4 | |

# 69

날짜 : 월 일

시간 : 분 초

| | | | | | | | | |
|---|---|---|---|---|---|---|---|---|
| | 5 | 2 | 7 | 1 | 3 | 4 | | 8 |
| 6 | 8 | 4 | | | 2 | 1 | 7 | |
| | | | | | | 5 | | 9 |
| | 9 | 5 | | | 7 | 8 | 4 | 6 |
| 4 | 6 | 8 | | 2 | | | 1 | 7 |
| 7 | | 1 | 8 | | 4 | 9 | 5 | 2 |
| 8 | 4 | 6 | | 5 | | 7 | 3 | |
| 1 | | | | 4 | 8 | | | |
| 5 | | 9 | 3 | 7 | 1 | | | 4 |

# 70

날짜 : 월 일

시간 : 분 초

| | | | | | | | | |
|---|---|---|---|---|---|---|---|---|
| 6 | 3 | | 8 | 1 | | | 9 | 2 |
| | 1 | 7 | | | | | 6 | |
| | | 9 | 3 | 5 | 6 | 1 | 8 | 7 |
| 2 | 9 | 4 | | 6 | | 7 | 1 | 8 |
| 3 | 5 | | 1 | 7 | | 2 | | |
| 1 | | 8 | | 9 | 4 | 5 | | 6 |
| | 8 | 1 | 9 | | 2 | | | 3 |
| 5 | | | | 8 | 1 | 9 | 2 | |
| | 4 | 2 | 6 | | | | 7 | 1 |

# 71

날짜 : 월 일

시간 : 분 초

| | | | | | | | | |
|---|---|---|---|---|---|---|---|---|
| 7 | 5 | 9 | 8 | | | 3 | | |
| 1 | 3 | 2 | | | 5 | | 6 | 8 |
| | | 6 | 1 | 2 | | | 9 | 7 |
| | 7 | 4 | 6 | 3 | 8 | | | |
| | 8 | 3 | | | | 7 | | 9 |
| 2 | 1 | | 9 | 4 | 7 | 8 | 3 | 6 |
| 3 | | 1 | 5 | | 2 | 9 | 8 | 4 |
| 5 | | 7 | | | 9 | 6 | | 3 |
| 4 | 9 | 8 | 3 | | 6 | 2 | 7 | 5 |

# 72

날짜 : 월 일

시간 : 분 초

| | | | | | | | | |
|---|---|---|---|---|---|---|---|---|
| 1 | | 3 | | 8 | | 2 | 4 | 6 |
| 9 | 8 | | 6 | | 4 | 5 | 1 | |
| | | 6 | 3 | | 1 | 8 | | 7 |
| 6 | 1 | 2 | 5 | | | 4 | 7 | |
| | | 8 | 2 | 1 | | 9 | | 5 |
| 3 | | 5 | | 4 | | 1 | 6 | 2 |
| 2 | | 1 | 9 | 7 | | 6 | 8 | |
| 5 | 7 | 9 | | 6 | | 3 | 2 | 1 |
| 8 | 6 | 4 | 1 | 3 | | 7 | | |

# 73

날짜 : 월 일

시간 : 분 초

| | | | | | | | | |
|---|---|---|---|---|---|---|---|---|
| 5 | | | 2 | 8 | | 9 | 7 | |
| 3 | 9 | 7 | 4 | 5 | 6 | 8 | 2 | |
| | 8 | | 9 | | 7 | | 4 | |
| | | | 8 | 1 | 2 | 3 | | 7 |
| 2 | 1 | 8 | | 7 | 9 | 6 | 5 | 4 |
| 7 | 3 | 9 | 5 | | 4 | 1 | 8 | 2 |
| 4 | | | | | | | 3 | 9 |
| 8 | 2 | 1 | 7 | | 3 | | | 5 |
| 9 | 7 | 3 | | | 5 | | 1 | 8 |

# 74

날짜 : 월 일

시간 : 분 초

| | | | | | | | | |
|---|---|---|---|---|---|---|---|---|
| 3 | 8 | | 5 | 2 | 7 | | | 4 |
| 2 | 5 | 7 | 1 | | 6 | 8 | | 3 |
| 4 | | 6 | 8 | 3 | | | 7 | 2 |
| 9 | | | 3 | 7 | 5 | 2 | 1 | 6 |
| 7 | 3 | 5 | 2 | 6 | | | | 9 |
| 6 | | | 4 | | 8 | | 5 | |
| | 9 | 3 | | | | | 4 | 8 |
| | 7 | 2 | | | 4 | 9 | | |
| 8 | | 4 | 9 | | | | 2 | 1 |

# 75

날짜 : 월 일

시간 : 분 초

| | | | | | | | | |
|---|---|---|---|---|---|---|---|---|
| | 3 | 5 | | 8 | | | | |
| 9 | | 2 | 5 | 4 | | | 6 | 8 |
| 6 | 8 | 7 | 9 | | | 5 | | 3 |
| 2 | | 1 | 3 | | | 8 | 7 | 6 |
| 7 | 6 | 8 | | 9 | | 3 | 5 | 4 |
| 5 | 4 | 3 | 7 | | | 2 | 9 | |
| 3 | 5 | | | | 6 | | 2 | |
| 8 | 7 | | 1 | 2 | 9 | 4 | 3 | |
| | 2 | 9 | 4 | 3 | 5 | 6 | 8 | 7 |

# 76

날짜 : 월 일

시간 : 분 초

| | | | | | | | | |
|---|---|---|---|---|---|---|---|---|
| 6 | | 1 | | | | | 3 | 8 |
| | | | 3 | 8 | 9 | 1 | 7 | 6 |
| | 3 | | | 6 | 1 | 4 | 2 | |
| 2 | 4 | 8 | 9 | 3 | 6 | | | 7 |
| 7 | 1 | 5 | 4 | 2 | | 6 | 9 | 3 |
| 3 | 9 | 6 | 1 | | | 8 | | 2 |
| 9 | 6 | | 5 | | 2 | 3 | 8 | 4 |
| 1 | | 2 | 8 | | | | 6 | |
| 4 | | 3 | 6 | 9 | | | 5 | 1 |

# 77

날짜 : 월 일

시간 : 분 초

| | | | | | | | | |
|---|---|---|---|---|---|---|---|---|
| | 6 | | 5 | 7 | 3 | 1 | 2 | 8 |
| | 1 | 8 | | | | 3 | 5 | 7 |
| | 3 | 7 | | | | 9 | 6 | 4 |
| | 8 | 2 | 9 | 6 | 4 | 7 | | 5 |
| 6 | 9 | 4 | 3 | 5 | 7 | | | 2 |
| 3 | 7 | 5 | 8 | | | 4 | 9 | 6 |
| 8 | | | | | 6 | 5 | 7 | 3 |
| | | 6 | 7 | | | 2 | 8 | 1 |
| 7 | 5 | | 2 | | 1 | | | 9 |

# 78

날짜 : 월 일

시간 : 분 초

| | | | | | | | | |
|---|---|---|---|---|---|---|---|---|
| 7 | 4 | | 9 | 2 | 3 | | 5 | 1 |
| 5 | 1 | 6 | | | 4 | 3 | 2 | |
| | | 3 | | | 1 | 4 | | |
| 4 | | 7 | 3 | 9 | 2 | 5 | 1 | |
| 1 | | 5 | 4 | 7 | 8 | | 9 | 3 |
| 9 | | 2 | 1 | 5 | 6 | | | 4 |
| | 7 | | 2 | | 9 | 1 | | 5 |
| | | | 8 | 4 | | 9 | 3 | 2 |
| | 2 | 9 | 6 | 1 | 5 | 7 | | 8 |

# 79

날짜 :　　월　　일

시간 :　　분　　초

| | | | | | | | | |
|---|---|---|---|---|---|---|---|---|
| | 8 | | 1 | | 2 | 4 | 5 | 7 |
| 5 | | 4 | | | 3 | 1 | 6 | 2 |
| | | 6 | 4 | 5 | 7 | 9 | | 8 |
| | 2 | 1 | 7 | | 5 | 8 | 9 | 3 |
| | | 8 | | | 6 | | 4 | 5 |
| 4 | 5 | 7 | 3 | 8 | | 2 | | |
| 7 | 4 | | 9 | | 8 | 6 | | 1 |
| 1 | | 2 | 5 | 7 | 4 | 3 | | |
| | 9 | 3 | | 2 | 1 | 5 | | 4 |

# 80

날짜 : 월 일

시간 : 분 초

| | | | | | | | | |
|---|---|---|---|---|---|---|---|---|
| | 2 | | | 3 | | 9 | 4 | |
| | | 1 | 2 | 7 | | | 3 | 8 |
| 3 | | | 9 | | 1 | 2 | | 5 |
| | 5 | 7 | 8 | | 3 | 1 | 6 | 4 |
| 2 | 8 | 3 | 1 | | | | | |
| 6 | | 4 | | 9 | | 8 | 2 | 3 |
| 5 | 3 | 2 | 4 | 8 | | | | 9 |
| 8 | 4 | | 7 | 1 | | 3 | 5 | 2 |
| 1 | 7 | | | 5 | | 4 | 8 | |

# 81

날짜 : 월 일

시간 : 분 초

| | | | | | | | | |
|---|---|---|---|---|---|---|---|---|
| 3 | 8 | 5 | 7 | | 9 | 4 | 2 | |
| 4 | 2 | 6 | 8 | 5 | 3 | 7 | 1 | |
| 1 | 9 | | | 4 | 2 | | 3 | |
| | | | 5 | | 8 | | | 7 |
| | | | 1 | 9 | 7 | 2 | 6 | 4 |
| | 7 | 1 | | 2 | 6 | 3 | | |
| 6 | | | | 8 | 5 | 9 | 7 | 1 |
| 7 | 1 | 9 | 2 | | | 8 | 5 | 3 |
| 5 | 3 | 8 | | 7 | 1 | | 4 | |

# 82

날짜 : 월 일

시간 : 분 초

| | | | | | | | | |
|---|---|---|---|---|---|---|---|---|
| | 7 | 8 | 1 | 4 | | | 5 | 2 |
| 4 | 9 | | 5 | 2 | 6 | | | 3 |
| 2 | | 5 | 8 | | | 9 | 1 | 4 |
| | 2 | 9 | | 5 | 3 | 4 | | 8 |
| 5 | 3 | | | | 4 | | 9 | |
| | | 7 | 9 | 1 | | 3 | 6 | 5 |
| 6 | | | 4 | 7 | 1 | | | |
| 9 | | 2 | 3 | 6 | 8 | | 4 | 7 |
| | 1 | 4 | | 9 | | | | 6 |

# 83

날짜 : 월 일

시간 : 분 초

| | | | | | | | | |
|---|---|---|---|---|---|---|---|---|
| 6 | 3 | 5 | 2 | 1 | | | 9 | 7 |
| | 2 | | | 9 | 7 | | 3 | 5 |
| 7 | 8 | | 6 | 3 | 5 | 4 | | 1 |
| | 9 | | 3 | 5 | | | | 4 |
| 3 | 5 | 6 | 1 | 4 | 2 | | | |
| 2 | 1 | 4 | | 7 | | | 5 | 6 |
| 5 | | 3 | | | 1 | 7 | 8 | 9 |
| 1 | | 2 | 7 | 8 | 9 | | 6 | |
| | 7 | | 5 | 6 | | 1 | 4 | 2 |

# 84

날짜 : 월 일

시간 : 분 초

| | | | | | | | | |
|---|---|---|---|---|---|---|---|---|
| 4 | | 2 | 9 | 6 | 7 | | 5 | 8 |
| | 5 | | | | 4 | 9 | 7 | 6 |
| 7 | 9 | | 3 | 8 | 5 | | | |
| 1 | | | | 7 | 9 | 8 | | |
| | | | 8 | 5 | 3 | 4 | | |
| | | 8 | | 4 | | 6 | 9 | 7 |
| | | 5 | 4 | 1 | 2 | 7 | 6 | |
| 6 | 7 | 9 | | | 8 | 1 | 4 | 2 |
| 2 | | 1 | 7 | | 6 | 5 | 8 | |

# 85

날짜 : 월 일

시간 : 분 초

| | | | | | | | | |
|---|---|---|---|---|---|---|---|---|
| 2 | 7 | 9 | 3 | | | 1 | 8 | 5 |
| 5 | 8 | | | 9 | 2 | | 4 | 6 |
| | 6 | | | 8 | 1 | 2 | | |
| | | 8 | 2 | 7 | 9 | 4 | 6 | |
| 4 | 3 | | | | 8 | 9 | 7 | 2 |
| 9 | 2 | 7 | 4 | 3 | 6 | 8 | | 1 |
| | 9 | 2 | 6 | 4 | | | 1 | |
| 6 | | 3 | | 1 | 5 | 7 | 2 | 9 |
| 8 | | | 9 | | | | 3 | 4 |

# 86

날짜 : 월 일

시간 : 분 초

| | | | | | | | | |
|---|---|---|---|---|---|---|---|---|
| 1 | 6 | 7 | 2 | 9 | | | 5 | 3 |
| | | | 3 | 8 | 5 | | 1 | 6 |
| 5 | | | 6 | 7 | 1 | 9 | | |
| 6 | 9 | 4 | 8 | 5 | | | | |
| 2 | 8 | 5 | 7 | | | 4 | | 9 |
| 3 | 7 | 1 | | 4 | | 5 | | |
| | | 2 | 1 | 3 | | 6 | 7 | 4 |
| 8 | 1 | 3 | | | 7 | | | 5 |
| 7 | 4 | | | | 9 | 3 | 8 | |

# 87

날짜 : 월 일

시간 : 분 초

| | | | | | | | | |
|---|---|---|---|---|---|---|---|---|
| 3 | | 4 | 8 | 1 | 6 | 2 | | 5 |
| 2 | | | | | 9 | 1 | 8 | |
| 1 | | 8 | 7 | | 5 | | 4 | |
| | | | | | 3 | 7 | 5 | |
| | 1 | | 9 | 4 | | 8 | 6 | |
| 8 | 3 | | | | 1 | | 9 | 2 |
| 9 | 7 | 2 | 3 | | 4 | | 1 | |
| 5 | 8 | | 2 | 9 | 7 | | 3 | |
| 6 | 4 | 3 | 1 | 5 | 8 | 9 | 2 | |

88

날짜 : 월 일

시간 : 분 초

| | | | | | | | | |
|---|---|---|---|---|---|---|---|---|
| 1 | 5 | 7 | 6 | 8 | | 2 | 9 | 3 |
| 9 | | | 5 | 7 | | | | |
| 8 | | 6 | | 9 | 2 | 1 | 7 | |
| | 7 | | 8 | 4 | 6 | 3 | | |
| 2 | 3 | 9 | 7 | 1 | 5 | | 8 | 6 |
| 4 | | 8 | | 2 | 3 | 5 | 1 | |
| | 8 | 4 | 2 | 3 | | | 5 | 1 |
| | 9 | | 1 | 5 | | 6 | 4 | |
| | 1 | 5 | 4 | | 8 | | 3 | 2 |

89

날짜 : 월 일

시간 : 분 초

| | | | | | | | | |
|---|---|---|---|---|---|---|---|---|
| | 5 | 3 | 9 | | 2 | | | 4 |
| 6 | | 7 | 5 | | 1 | | 2 | 9 |
| | 9 | 8 | 4 | | | 3 | 1 | 5 |
| 4 | 8 | | | 1 | | 2 | 9 | 3 |
| | | 2 | 8 | 6 | | 1 | 5 | 7 |
| 5 | 7 | | 3 | | 9 | 6 | | 8 |
| 8 | 2 | | 6 | 5 | 7 | | 3 | 1 |
| | 6 | | 1 | 9 | | 4 | 8 | 2 |
| | 1 | | 2 | 4 | | | 7 | 6 |

# 90

날짜 : 월 일

시간 : 분 초

| | | | | | | | | |
|---|---|---|---|---|---|---|---|---|
| 5 | 3 | | 2 | | | | 1 | 4 |
| 7 | 4 | 1 | | 3 | | | | |
| 2 | | 9 | | 4 | 1 | | 6 | 3 |
| 1 | | | 6 | 5 | | | | |
| 9 | | 3 | 1 | 7 | 8 | | 4 | |
| 6 | 5 | | 9 | 2 | | | 8 | |
| | 6 | 7 | | | | | | 1 |
| 3 | | 5 | | 1 | | 4 | | 6 |
| | 1 | | 4 | | | | 5 | 9 |

# 정답

| | | | |
|---|---|---|---|
| 4 | 2 | 1 | 3 |
| 1 | 3 | 4 | 2 |
| 2 | 4 | 3 | 1 |
| 3 | 1 | 2 | 4 |

<01답-1>

| | | | |
|---|---|---|---|
| 1 | 2 | 4 | 3 |
| 4 | 3 | 1 | 2 |
| 2 | 1 | 3 | 4 |
| 3 | 4 | 2 | 1 |

<01답-2>

| | | | |
|---|---|---|---|
| 3 | 1 | 2 | 4 |
| 4 | 2 | 1 | 3 |
| 2 | 4 | 3 | 1 |
| 1 | 3 | 4 | 2 |

<02답-1>

| | | | |
|---|---|---|---|
| 2 | 3 | 1 | 4 |
| 4 | 1 | 3 | 2 |
| 3 | 2 | 4 | 1 |
| 1 | 4 | 2 | 3 |

<02답-2>

| | | | |
|---|---|---|---|
| 3 | 2 | 4 | 1 |
| 4 | 1 | 3 | 2 |
| 2 | 3 | 1 | 4 |
| 1 | 4 | 2 | 3 |

<03답-1>

| | | | |
|---|---|---|---|
| 2 | 1 | 4 | 3 |
| 3 | 4 | 1 | 2 |
| 4 | 3 | 2 | 1 |
| 1 | 2 | 3 | 4 |

<03답-2>

| | | | |
|---|---|---|---|
| 2 | 3 | 4 | 1 |
| 4 | 1 | 2 | 3 |
| 1 | 4 | 3 | 2 |
| 3 | 2 | 1 | 4 |

<04답-1>

| | | | |
|---|---|---|---|
| 2 | 4 | 3 | 1 |
| 1 | 3 | 4 | 2 |
| 3 | 1 | 2 | 4 |
| 4 | 2 | 1 | 3 |

<04답-2>

| | | | |
|---|---|---|---|
| 1 | 2 | 4 | 3 |
| 4 | 3 | 1 | 2 |
| 3 | 4 | 2 | 1 |
| 2 | 1 | 3 | 4 |

<05답-1>

| | | | |
|---|---|---|---|
| 3 | 2 | 1 | 4 |
| 1 | 4 | 3 | 2 |
| 2 | 3 | 4 | 1 |
| 4 | 1 | 2 | 3 |

<05답-2>

| | | | |
|---|---|---|---|
| 2 | 3 | 4 | 1 |
| 4 | 1 | 2 | 3 |
| 1 | 4 | 3 | 2 |
| 3 | 2 | 1 | 4 |

<06답-1>

| | | | |
|---|---|---|---|
| 1 | 4 | 3 | 2 |
| 3 | 2 | 1 | 4 |
| 2 | 3 | 4 | 1 |
| 4 | 1 | 2 | 3 |

<06답-2>

| | | | |
|---|---|---|---|
| 3 | 2 | 4 | 1 |
| 4 | 1 | 3 | 2 |
| 2 | 3 | 1 | 4 |
| 1 | 4 | 2 | 3 |

<07답-1>

| | | | |
|---|---|---|---|
| 1 | 4 | 3 | 2 |
| 2 | 3 | 4 | 1 |
| 4 | 1 | 2 | 3 |
| 3 | 2 | 1 | 4 |

<07답-2>

| | | | |
|---|---|---|---|
| 4 | 3 | 1 | 2 |
| 2 | 1 | 3 | 4 |
| 3 | 4 | 2 | 1 |
| 1 | 2 | 4 | 3 |

<08답-1>

| | | | |
|---|---|---|---|
| 2 | 4 | 3 | 1 |
| 1 | 3 | 4 | 2 |
| 3 | 1 | 2 | 4 |
| 4 | 2 | 1 | 3 |

<08답-2>

# 정답

| | | | |
|---|---|---|---|
| 4 | 1 | 2 | 3 |
| 2 | 3 | 4 | 1 |
| 1 | 4 | 3 | 2 |
| 3 | 2 | 1 | 4 |

<09답-1>

| | | | |
|---|---|---|---|
| 2 | 3 | 4 | 1 |
| 4 | 1 | 2 | 3 |
| 3 | 2 | 1 | 4 |
| 1 | 4 | 3 | 2 |

<09답-2>

| | | | |
|---|---|---|---|
| 4 | 3 | 1 | 2 |
| 1 | 2 | 4 | 3 |
| 2 | 1 | 3 | 4 |
| 3 | 4 | 2 | 1 |

<10답-1>

| | | | |
|---|---|---|---|
| 1 | 4 | 2 | 3 |
| 3 | 2 | 4 | 1 |
| 2 | 3 | 1 | 4 |
| 4 | 1 | 3 | 2 |

<10답-2>

| | | | |
|---|---|---|---|
| 2 | 3 | 1 | 4 |
| 1 | 4 | 2 | 3 |
| 3 | 2 | 4 | 1 |
| 4 | 1 | 3 | 2 |

<11답-1>

| | | | |
|---|---|---|---|
| 2 | 1 | 4 | 3 |
| 4 | 3 | 2 | 1 |
| 3 | 4 | 1 | 2 |
| 1 | 2 | 3 | 4 |

<11답-2>

| | | | |
|---|---|---|---|
| 2 | 3 | 4 | 1 |
| 1 | 4 | 3 | 2 |
| 4 | 1 | 2 | 3 |
| 3 | 2 | 1 | 4 |

<12답-1>

| | | | |
|---|---|---|---|
| 3 | 1 | 2 | 4 |
| 2 | 4 | 3 | 1 |
| 1 | 3 | 4 | 2 |
| 4 | 2 | 1 | 3 |

<12답-2>

| | | | |
|---|---|---|---|
| 2 | 4 | 3 | 1 |
| 1 | 3 | 4 | 2 |
| 3 | 1 | 2 | 4 |
| 4 | 2 | 1 | 3 |

<13답-1>

| | | | |
|---|---|---|---|
| 2 | 1 | 4 | 3 |
| 3 | 4 | 1 | 2 |
| 4 | 3 | 2 | 1 |
| 1 | 2 | 3 | 4 |

<13답-2>

| | | | |
|---|---|---|---|
| 3 | 4 | 2 | 1 |
| 1 | 2 | 4 | 3 |
| 2 | 1 | 3 | 4 |
| 4 | 3 | 1 | 2 |

<14답-1>

| | | | |
|---|---|---|---|
| 1 | 3 | 4 | 2 |
| 4 | 2 | 1 | 3 |
| 3 | 1 | 2 | 4 |
| 2 | 4 | 3 | 1 |

<14답-2>

| | | | |
|---|---|---|---|
| 1 | 3 | 4 | 2 |
| 4 | 2 | 1 | 3 |
| 3 | 1 | 2 | 4 |
| 2 | 4 | 3 | 1 |

<15답-1>

| | | | |
|---|---|---|---|
| 3 | 2 | 1 | 4 |
| 1 | 4 | 3 | 2 |
| 2 | 3 | 4 | 1 |
| 4 | 1 | 2 | 3 |

<15답-2>

| | | | |
|---|---|---|---|
| 1 | 3 | 4 | 2 |
| 2 | 4 | 3 | 1 |
| 3 | 1 | 2 | 4 |
| 4 | 2 | 1 | 3 |

<16답-1>

| | | | |
|---|---|---|---|
| 3 | 1 | 2 | 4 |
| 2 | 4 | 3 | 1 |
| 4 | 2 | 1 | 3 |
| 1 | 3 | 4 | 2 |

<16답-2>

정답

| 4 | 1 | 2 | 3 |
|---|---|---|---|
| 2 | 3 | 4 | 1 |
| 1 | 4 | 3 | 2 |
| 3 | 2 | 1 | 4 |

<17답-1>

| 4 | 2 | 1 | 3 |
|---|---|---|---|
| 3 | 1 | 2 | 4 |
| 1 | 3 | 4 | 2 |
| 2 | 4 | 3 | 1 |

<17답-2>

| 3 | 2 | 1 | 4 |
|---|---|---|---|
| 4 | 1 | 2 | 3 |
| 1 | 4 | 3 | 2 |
| 2 | 3 | 4 | 1 |

<18답-1>

| 4 | 1 | 2 | 3 |
|---|---|---|---|
| 3 | 2 | 1 | 4 |
| 1 | 4 | 3 | 2 |
| 2 | 3 | 4 | 1 |

<18답-2>

| 3 | 4 | 2 | 1 |
|---|---|---|---|
| 2 | 1 | 3 | 4 |
| 4 | 3 | 1 | 2 |
| 1 | 2 | 4 | 3 |

<19답-1>

| 1 | 2 | 4 | 3 |
|---|---|---|---|
| 4 | 3 | 1 | 2 |
| 2 | 1 | 3 | 4 |
| 3 | 4 | 2 | 1 |

<19답-2>

| 3 | 1 | 2 | 4 |
|---|---|---|---|
| 4 | 2 | 1 | 3 |
| 2 | 4 | 3 | 1 |
| 1 | 3 | 4 | 2 |

<20답-1>

| 3 | 1 | 4 | 2 |
|---|---|---|---|
| 4 | 2 | 3 | 1 |
| 2 | 4 | 1 | 3 |
| 1 | 3 | 2 | 4 |

<20답-2>

| 3 | 4 | 2 | 1 |
|---|---|---|---|
| 1 | 2 | 4 | 3 |
| 4 | 3 | 1 | 2 |
| 2 | 1 | 3 | 4 |

<21답-1>

| 4 | 3 | 1 | 2 |
|---|---|---|---|
| 1 | 2 | 4 | 3 |
| 2 | 1 | 3 | 4 |
| 3 | 4 | 2 | 1 |

<21답-2>

| 1 | 4 | 2 | 3 |
|---|---|---|---|
| 3 | 2 | 4 | 1 |
| 4 | 1 | 3 | 2 |
| 2 | 3 | 1 | 4 |

<22답-1>

| 1 | 2 | 3 | 4 |
|---|---|---|---|
| 4 | 3 | 2 | 1 |
| 2 | 1 | 4 | 3 |
| 3 | 4 | 1 | 2 |

<22답-2>

| 4 | 1 | 2 | 3 |
|---|---|---|---|
| 2 | 3 | 4 | 1 |
| 1 | 4 | 3 | 2 |
| 3 | 2 | 1 | 4 |

<23답-1>

| 1 | 2 | 3 | 4 |
|---|---|---|---|
| 3 | 4 | 1 | 2 |
| 2 | 1 | 4 | 3 |
| 4 | 3 | 2 | 1 |

<23답-2>

| 2 | 3 | 4 | 1 |
|---|---|---|---|
| 4 | 1 | 2 | 3 |
| 3 | 2 | 1 | 4 |
| 1 | 4 | 3 | 2 |

<24답-1>

| 1 | 2 | 4 | 3 |
|---|---|---|---|
| 4 | 3 | 1 | 2 |
| 2 | 1 | 3 | 4 |
| 3 | 4 | 2 | 1 |

<24답-2>

**<25답-1>**

| | | | |
|---|---|---|---|
| 1 | 2 | 3 | 4 |
| 3 | 4 | 1 | 2 |
| 2 | 1 | 4 | 3 |
| 4 | 3 | 2 | 1 |

**<25답-2>**

| | | | |
|---|---|---|---|
| 4 | 1 | 2 | 3 |
| 3 | 2 | 1 | 4 |
| 1 | 4 | 3 | 2 |
| 2 | 3 | 4 | 1 |

**<26답-1>**

| | | | |
|---|---|---|---|
| 1 | 3 | 2 | 4 |
| 4 | 2 | 3 | 1 |
| 2 | 4 | 1 | 3 |
| 3 | 1 | 4 | 2 |

**<26답-2>**

| | | | |
|---|---|---|---|
| 2 | 3 | 1 | 4 |
| 4 | 1 | 3 | 2 |
| 3 | 2 | 4 | 1 |
| 1 | 4 | 2 | 3 |

**<27답-1>**

| | | | |
|---|---|---|---|
| 3 | 1 | 4 | 2 |
| 4 | 2 | 3 | 1 |
| 2 | 4 | 1 | 3 |
| 1 | 3 | 2 | 4 |

**<27답-2>**

| | | | |
|---|---|---|---|
| 1 | 2 | 4 | 3 |
| 4 | 3 | 1 | 2 |
| 2 | 1 | 3 | 4 |
| 3 | 4 | 2 | 1 |

**<28답-1>**

| | | | |
|---|---|---|---|
| 2 | 4 | 1 | 3 |
| 3 | 1 | 4 | 2 |
| 1 | 3 | 2 | 4 |
| 4 | 2 | 3 | 1 |

**<28답-2>**

| | | | |
|---|---|---|---|
| 1 | 3 | 4 | 2 |
| 2 | 4 | 3 | 1 |
| 3 | 1 | 2 | 4 |
| 4 | 2 | 1 | 3 |

**<29답-1>**

| | | | | | |
|---|---|---|---|---|---|
| 6 | 1 | 2 | 3 | 5 | 4 |
| 5 | 4 | 3 | 6 | 1 | 2 |
| 2 | 3 | 6 | 5 | 4 | 1 |
| 1 | 5 | 4 | 2 | 6 | 3 |
| 3 | 6 | 1 | 4 | 2 | 5 |
| 4 | 2 | 5 | 1 | 3 | 6 |

**<29답-2>**

| | | | | | |
|---|---|---|---|---|---|
| 4 | 6 | 3 | 1 | 2 | 5 |
| 1 | 2 | 5 | 4 | 6 | 3 |
| 2 | 3 | 4 | 5 | 1 | 6 |
| 5 | 1 | 6 | 3 | 4 | 2 |
| 6 | 5 | 1 | 2 | 3 | 4 |
| 3 | 4 | 2 | 6 | 5 | 1 |

**<30답-1>**

| | | | | | |
|---|---|---|---|---|---|
| 5 | 4 | 1 | 3 | 2 | 6 |
| 2 | 6 | 3 | 1 | 5 | 4 |
| 4 | 1 | 6 | 5 | 3 | 2 |
| 3 | 2 | 5 | 6 | 4 | 1 |
| 6 | 3 | 2 | 4 | 1 | 5 |
| 1 | 5 | 4 | 2 | 6 | 3 |

**<30답-2>**

| | | | | | |
|---|---|---|---|---|---|
| 2 | 5 | 3 | 4 | 1 | 6 |
| 4 | 1 | 6 | 5 | 3 | 2 |
| 3 | 6 | 4 | 2 | 5 | 1 |
| 5 | 2 | 1 | 6 | 4 | 3 |
| 6 | 3 | 5 | 1 | 2 | 4 |
| 1 | 4 | 2 | 3 | 6 | 5 |

**<31답-1>**

| | | | | | |
|---|---|---|---|---|---|
| 2 | 1 | 5 | 6 | 4 | 3 |
| 4 | 6 | 3 | 2 | 5 | 1 |
| 5 | 2 | 1 | 3 | 6 | 4 |
| 3 | 4 | 6 | 5 | 1 | 2 |
| 6 | 3 | 4 | 1 | 2 | 5 |
| 1 | 5 | 2 | 4 | 3 | 6 |

**<31답-2>**

| | | | | | |
|---|---|---|---|---|---|
| 6 | 3 | 1 | 4 | 5 | 2 |
| 4 | 2 | 5 | 1 | 3 | 6 |
| 5 | 6 | 2 | 3 | 4 | 1 |
| 1 | 4 | 3 | 6 | 2 | 5 |
| 3 | 5 | 6 | 2 | 1 | 4 |
| 2 | 1 | 4 | 5 | 6 | 3 |

**<32답-1>**

| | | | | | |
|---|---|---|---|---|---|
| 1 | 4 | 2 | 3 | 6 | 5 |
| 3 | 5 | 6 | 1 | 2 | 4 |
| 2 | 6 | 3 | 5 | 4 | 1 |
| 4 | 1 | 5 | 6 | 3 | 2 |
| 5 | 3 | 4 | 2 | 1 | 6 |
| 6 | 2 | 1 | 4 | 5 | 3 |

**<32답-2>**

| | | | | | |
|---|---|---|---|---|---|
| 3 | 5 | 4 | 6 | 1 | 2 |
| 6 | 1 | 2 | 4 | 3 | 5 |
| 2 | 3 | 1 | 5 | 4 | 6 |
| 5 | 4 | 6 | 3 | 2 | 1 |
| 1 | 6 | 3 | 2 | 5 | 4 |
| 4 | 2 | 5 | 1 | 6 | 3 |

# 정답

| | | | | | |
|---|---|---|---|---|---|
| 1 | 4 | 2 | 6 | 3 | 5 |
| 6 | 3 | 5 | 4 | 1 | 2 |
| 5 | 6 | 1 | 3 | 2 | 4 |
| 4 | 2 | 3 | 5 | 6 | 1 |
| 2 | 5 | 6 | 1 | 4 | 3 |
| 3 | 1 | 4 | 2 | 5 | 6 |

<33답-1>

| | | | | | |
|---|---|---|---|---|---|
| 6 | 2 | 1 | 5 | 3 | 4 |
| 3 | 5 | 4 | 2 | 6 | 1 |
| 4 | 6 | 2 | 1 | 5 | 3 |
| 5 | 1 | 3 | 4 | 2 | 6 |
| 2 | 4 | 6 | 3 | 1 | 5 |
| 1 | 3 | 5 | 6 | 4 | 2 |

<33답-2>

| | | | | | |
|---|---|---|---|---|---|
| 5 | 1 | 3 | 2 | 4 | 6 |
| 4 | 6 | 2 | 1 | 3 | 5 |
| 2 | 3 | 6 | 5 | 1 | 4 |
| 1 | 4 | 5 | 6 | 2 | 3 |
| 6 | 2 | 4 | 3 | 5 | 1 |
| 3 | 5 | 1 | 4 | 6 | 2 |

<34답-1>

| | | | | | |
|---|---|---|---|---|---|
| 3 | 4 | 2 | 1 | 6 | 5 |
| 1 | 5 | 6 | 3 | 2 | 4 |
| 2 | 6 | 4 | 5 | 1 | 3 |
| 5 | 3 | 1 | 2 | 4 | 6 |
| 4 | 1 | 3 | 6 | 5 | 2 |
| 6 | 2 | 5 | 4 | 3 | 1 |

<34답-2>

| | | | | | |
|---|---|---|---|---|---|
| 3 | 5 | 1 | 4 | 6 | 2 |
| 4 | 2 | 6 | 3 | 1 | 5 |
| 6 | 1 | 2 | 5 | 3 | 4 |
| 5 | 3 | 4 | 6 | 2 | 1 |
| 2 | 4 | 3 | 1 | 5 | 6 |
| 1 | 6 | 5 | 2 | 4 | 3 |

<35답-1>

| | | | | | |
|---|---|---|---|---|---|
| 2 | 6 | 4 | 5 | 3 | 1 |
| 3 | 1 | 5 | 2 | 4 | 6 |
| 6 | 4 | 1 | 3 | 5 | 2 |
| 5 | 3 | 2 | 1 | 6 | 4 |
| 4 | 2 | 3 | 6 | 1 | 5 |
| 1 | 5 | 6 | 4 | 2 | 3 |

<35답-2>

| | | | | | |
|---|---|---|---|---|---|
| 1 | 5 | 6 | 4 | 2 | 3 |
| 3 | 4 | 2 | 5 | 6 | 1 |
| 2 | 1 | 5 | 3 | 4 | 6 |
| 4 | 6 | 3 | 1 | 5 | 2 |
| 5 | 2 | 1 | 6 | 3 | 4 |
| 6 | 3 | 4 | 2 | 1 | 5 |

<36답-1>

| | | | | | |
|---|---|---|---|---|---|
| 2 | 4 | 3 | 5 | 6 | 1 |
| 1 | 5 | 6 | 3 | 2 | 4 |
| 5 | 1 | 4 | 6 | 3 | 2 |
| 3 | 6 | 2 | 1 | 4 | 5 |
| 6 | 2 | 5 | 4 | 1 | 3 |
| 4 | 3 | 1 | 2 | 5 | 6 |

<36답-2>

| | | | | | |
|---|---|---|---|---|---|
| 5 | 2 | 6 | 4 | 1 | 3 |
| 4 | 1 | 3 | 5 | 2 | 6 |
| 3 | 5 | 2 | 1 | 6 | 4 |
| 1 | 6 | 4 | 3 | 5 | 2 |
| 6 | 4 | 1 | 2 | 3 | 5 |
| 2 | 3 | 5 | 6 | 4 | 1 |

<37답-1>

| | | | | | |
|---|---|---|---|---|---|
| 3 | 4 | 6 | 5 | 1 | 2 |
| 2 | 5 | 1 | 4 | 6 | 3 |
| 4 | 3 | 2 | 6 | 5 | 1 |
| 1 | 6 | 5 | 3 | 2 | 4 |
| 5 | 1 | 4 | 2 | 3 | 6 |
| 6 | 2 | 3 | 1 | 4 | 5 |

<37답-2>

| | | | | | |
|---|---|---|---|---|---|
| 2 | 4 | 3 | 1 | 6 | 5 |
| 6 | 1 | 5 | 4 | 2 | 3 |
| 5 | 6 | 1 | 3 | 4 | 2 |
| 3 | 2 | 4 | 6 | 5 | 1 |
| 1 | 5 | 6 | 2 | 3 | 4 |
| 4 | 3 | 2 | 5 | 1 | 6 |

<38답-1>

| | | | | | |
|---|---|---|---|---|---|
| 4 | 1 | 3 | 6 | 2 | 5 |
| 6 | 2 | 5 | 3 | 1 | 4 |
| 2 | 5 | 4 | 1 | 3 | 6 |
| 1 | 3 | 6 | 5 | 4 | 2 |
| 3 | 6 | 2 | 4 | 5 | 1 |
| 5 | 4 | 1 | 2 | 6 | 3 |

<38답-2>

| | | | | | |
|---|---|---|---|---|---|
| 5 | 1 | 4 | 2 | 3 | 6 |
| 3 | 2 | 6 | 5 | 1 | 4 |
| 2 | 5 | 3 | 6 | 4 | 1 |
| 4 | 6 | 1 | 3 | 2 | 5 |
| 6 | 4 | 2 | 1 | 5 | 3 |
| 1 | 3 | 5 | 4 | 6 | 2 |

<39답-1>

| | | | | | |
|---|---|---|---|---|---|
| 6 | 4 | 5 | 3 | 1 | 2 |
| 2 | 1 | 3 | 5 | 4 | 6 |
| 5 | 6 | 4 | 2 | 3 | 1 |
| 3 | 2 | 1 | 6 | 5 | 4 |
| 1 | 5 | 2 | 4 | 6 | 3 |
| 4 | 3 | 6 | 1 | 2 | 5 |

<39답-2>

| | | | | | |
|---|---|---|---|---|---|
| 6 | 1 | 2 | 5 | 4 | 3 |
| 3 | 4 | 5 | 1 | 6 | 2 |
| 5 | 6 | 1 | 2 | 3 | 4 |
| 4 | 2 | 3 | 6 | 1 | 5 |
| 1 | 5 | 4 | 3 | 2 | 6 |
| 2 | 3 | 6 | 4 | 5 | 1 |

<40답-1>

| | | | | | |
|---|---|---|---|---|---|
| 4 | 1 | 5 | 6 | 3 | 2 |
| 2 | 3 | 6 | 1 | 5 | 4 |
| 1 | 4 | 3 | 2 | 6 | 5 |
| 5 | 6 | 2 | 4 | 1 | 3 |
| 3 | 2 | 1 | 5 | 4 | 6 |
| 6 | 5 | 4 | 3 | 2 | 1 |

<40답-2>

| | | | | | |
|---|---|---|---|---|---|
| 1 | 3 | 6 | 2 | 4 | 5 |
| 4 | 2 | 5 | 6 | 3 | 1 |
| 6 | 1 | 2 | 4 | 5 | 3 |
| 5 | 4 | 3 | 1 | 2 | 6 |
| 3 | 6 | 4 | 5 | 1 | 2 |
| 2 | 5 | 1 | 3 | 6 | 4 |

<41답-1>

| | | | | | |
|---|---|---|---|---|---|
| 5 | 2 | 4 | 6 | 1 | 3 |
| 6 | 1 | 3 | 2 | 5 | 4 |
| 2 | 6 | 5 | 3 | 4 | 1 |
| 4 | 3 | 1 | 5 | 2 | 6 |
| 1 | 5 | 6 | 4 | 3 | 2 |
| 3 | 4 | 2 | 1 | 6 | 5 |

<41답-2>

| | | | | | |
|---|---|---|---|---|---|
| 4 | 5 | 6 | 1 | 3 | 2 |
| 2 | 1 | 3 | 6 | 5 | 4 |
| 5 | 6 | 2 | 4 | 1 | 3 |
| 3 | 4 | 1 | 2 | 6 | 5 |
| 1 | 2 | 5 | 3 | 4 | 6 |
| 6 | 3 | 4 | 5 | 2 | 1 |

<42답-1>

| | | | | | |
|---|---|---|---|---|---|
| 5 | 2 | 6 | 1 | 4 | 3 |
| 1 | 3 | 4 | 5 | 6 | 2 |
| 2 | 6 | 3 | 4 | 5 | 1 |
| 4 | 5 | 1 | 2 | 3 | 6 |
| 6 | 1 | 5 | 3 | 2 | 4 |
| 3 | 4 | 2 | 6 | 1 | 5 |

<42답-2>

| | | | | | |
|---|---|---|---|---|---|
| 6 | 3 | 1 | 2 | 5 | 4 |
| 5 | 2 | 4 | 1 | 6 | 3 |
| 4 | 1 | 6 | 3 | 2 | 5 |
| 3 | 5 | 2 | 6 | 4 | 1 |
| 1 | 6 | 5 | 4 | 3 | 2 |
| 2 | 4 | 3 | 5 | 1 | 6 |

<43답-1>

| | | | | | |
|---|---|---|---|---|---|
| 1 | 2 | 6 | 4 | 5 | 3 |
| 3 | 4 | 5 | 1 | 2 | 6 |
| 2 | 5 | 3 | 6 | 1 | 4 |
| 6 | 1 | 4 | 5 | 3 | 2 |
| 4 | 3 | 1 | 2 | 6 | 5 |
| 5 | 6 | 2 | 3 | 4 | 1 |

<43답-2>

| | | | | | |
|---|---|---|---|---|---|
| 5 | 2 | 3 | 1 | 4 | 6 |
| 4 | 1 | 6 | 3 | 2 | 5 |
| 1 | 6 | 4 | 5 | 3 | 2 |
| 3 | 5 | 2 | 4 | 6 | 1 |
| 2 | 3 | 1 | 6 | 5 | 4 |
| 6 | 4 | 5 | 2 | 1 | 3 |

<44답-1>

| | | | | | |
|---|---|---|---|---|---|
| 6 | 3 | 4 | 5 | 2 | 1 |
| 5 | 1 | 2 | 6 | 4 | 3 |
| 1 | 5 | 3 | 4 | 6 | 2 |
| 4 | 2 | 6 | 3 | 1 | 5 |
| 3 | 4 | 1 | 2 | 5 | 6 |
| 2 | 6 | 5 | 1 | 3 | 4 |

<44답-2>

| | | | | | |
|---|---|---|---|---|---|
| 4 | 3 | 2 | 1 | 6 | 5 |
| 6 | 5 | 1 | 4 | 2 | 3 |
| 3 | 2 | 4 | 6 | 5 | 1 |
| 1 | 6 | 5 | 3 | 4 | 2 |
| 2 | 4 | 3 | 5 | 1 | 6 |
| 5 | 1 | 6 | 2 | 3 | 4 |

<45답-1>

| | | | | | |
|---|---|---|---|---|---|
| 3 | 2 | 1 | 5 | 6 | 4 |
| 6 | 4 | 5 | 3 | 2 | 1 |
| 1 | 6 | 2 | 4 | 3 | 5 |
| 5 | 3 | 4 | 6 | 1 | 2 |
| 2 | 5 | 6 | 1 | 4 | 3 |
| 4 | 1 | 3 | 2 | 5 | 6 |

<45답-2>

| | | | | | |
|---|---|---|---|---|---|
| 4 | 5 | 3 | 2 | 6 | 1 |
| 2 | 1 | 6 | 3 | 5 | 4 |
| 1 | 4 | 2 | 5 | 3 | 6 |
| 6 | 3 | 5 | 4 | 1 | 2 |
| 5 | 6 | 4 | 1 | 2 | 3 |
| 3 | 2 | 1 | 6 | 4 | 5 |

<46답-1>

| | | | | | |
|---|---|---|---|---|---|
| 2 | 1 | 5 | 4 | 6 | 3 |
| 3 | 4 | 6 | 1 | 5 | 2 |
| 1 | 3 | 2 | 6 | 4 | 5 |
| 6 | 5 | 4 | 2 | 3 | 1 |
| 4 | 2 | 3 | 5 | 1 | 6 |
| 5 | 6 | 1 | 3 | 2 | 4 |

<46답-2>

| | | | | | |
|---|---|---|---|---|---|
| 1 | 6 | 2 | 4 | 3 | 5 |
| 5 | 4 | 3 | 2 | 1 | 6 |
| 2 | 3 | 5 | 6 | 4 | 1 |
| 6 | 1 | 4 | 3 | 5 | 2 |
| 3 | 2 | 1 | 5 | 6 | 4 |
| 4 | 5 | 6 | 1 | 2 | 3 |

<47답-1>

| | | | | | |
|---|---|---|---|---|---|
| 1 | 6 | 5 | 3 | 2 | 4 |
| 2 | 3 | 4 | 5 | 1 | 6 |
| 6 | 2 | 1 | 4 | 5 | 3 |
| 4 | 5 | 3 | 1 | 6 | 2 |
| 3 | 1 | 6 | 2 | 4 | 5 |
| 5 | 4 | 2 | 6 | 3 | 1 |

<47답-2>

| | | | | | |
|---|---|---|---|---|---|
| 6 | 1 | 4 | 5 | 3 | 2 |
| 2 | 5 | 3 | 6 | 4 | 1 |
| 1 | 3 | 2 | 4 | 6 | 5 |
| 4 | 6 | 5 | 2 | 1 | 3 |
| 3 | 2 | 6 | 1 | 5 | 4 |
| 5 | 4 | 1 | 3 | 2 | 6 |

<48답-1>

| | | | | | |
|---|---|---|---|---|---|
| 6 | 2 | 3 | 1 | 5 | 4 |
| 1 | 5 | 4 | 2 | 3 | 6 |
| 3 | 1 | 6 | 5 | 4 | 2 |
| 2 | 4 | 5 | 3 | 6 | 1 |
| 5 | 6 | 2 | 4 | 1 | 3 |
| 4 | 3 | 1 | 6 | 2 | 5 |

<48답-2>

## 정답

| | | | | | | | | |
|---|---|---|---|---|---|---|---|---|
| 3 | 2 | 8 | 4 | 9 | 5 | 7 | 1 | 6 |
| 6 | 1 | 7 | 2 | 3 | 8 | 9 | 5 | 4 |
| 4 | 5 | 9 | 1 | 6 | 7 | 3 | 8 | 2 |
| 2 | 8 | 3 | 5 | 4 | 9 | 6 | 7 | 1 |
| 5 | 9 | 4 | 7 | 1 | 6 | 2 | 3 | 8 |
| 1 | 7 | 6 | 8 | 2 | 3 | 4 | 9 | 5 |
| 9 | 4 | 5 | 6 | 7 | 1 | 8 | 2 | 3 |
| 7 | 6 | 1 | 3 | 8 | 2 | 5 | 4 | 9 |
| 8 | 3 | 2 | 9 | 5 | 4 | 1 | 6 | 7 |

<49답>

| | | | | | | | | |
|---|---|---|---|---|---|---|---|---|
| 6 | 7 | 9 | 4 | 2 | 1 | 8 | 3 | 5 |
| 8 | 5 | 3 | 7 | 9 | 6 | 4 | 1 | 2 |
| 4 | 2 | 1 | 5 | 3 | 8 | 7 | 6 | 9 |
| 9 | 6 | 7 | 1 | 4 | 2 | 3 | 5 | 8 |
| 3 | 8 | 5 | 6 | 7 | 9 | 1 | 2 | 4 |
| 1 | 4 | 2 | 8 | 5 | 3 | 6 | 9 | 7 |
| 7 | 9 | 6 | 2 | 1 | 4 | 5 | 8 | 3 |
| 5 | 3 | 8 | 9 | 6 | 7 | 2 | 4 | 1 |
| 2 | 1 | 4 | 3 | 8 | 5 | 9 | 7 | 6 |

<50답>

| | | | | | | | | |
|---|---|---|---|---|---|---|---|---|
| 8 | 7 | 2 | 5 | 9 | 6 | 1 | 3 | 4 |
| 1 | 3 | 4 | 2 | 8 | 7 | 5 | 9 | 6 |
| 5 | 9 | 6 | 4 | 1 | 3 | 2 | 8 | 7 |
| 7 | 2 | 8 | 9 | 6 | 5 | 3 | 4 | 1 |
| 3 | 4 | 1 | 8 | 7 | 2 | 9 | 6 | 5 |
| 9 | 6 | 5 | 1 | 3 | 4 | 8 | 7 | 2 |
| 2 | 8 | 7 | 6 | 5 | 9 | 4 | 1 | 3 |
| 4 | 1 | 3 | 7 | 2 | 8 | 6 | 5 | 9 |
| 6 | 5 | 9 | 3 | 4 | 1 | 7 | 2 | 8 |

<51답>

| | | | | | | | | |
|---|---|---|---|---|---|---|---|---|
| 8 | 7 | 4 | 3 | 1 | 2 | 9 | 5 | 6 |
| 2 | 3 | 1 | 6 | 9 | 5 | 7 | 4 | 8 |
| 9 | 5 | 6 | 4 | 8 | 7 | 2 | 3 | 1 |
| 3 | 1 | 2 | 9 | 5 | 6 | 4 | 8 | 7 |
| 5 | 6 | 9 | 8 | 7 | 4 | 3 | 1 | 2 |
| 7 | 4 | 8 | 1 | 2 | 3 | 5 | 6 | 9 |
| 6 | 9 | 5 | 7 | 4 | 8 | 1 | 2 | 3 |
| 1 | 2 | 3 | 5 | 6 | 9 | 8 | 7 | 4 |
| 4 | 8 | 7 | 2 | 3 | 1 | 6 | 9 | 5 |

<52답>

| | | | | | | | | |
|---|---|---|---|---|---|---|---|---|
| 9 | 2 | 6 | 7 | 4 | 8 | 3 | 1 | 5 |
| 5 | 3 | 1 | 9 | 6 | 2 | 7 | 8 | 4 |
| 7 | 8 | 4 | 3 | 5 | 1 | 2 | 6 | 9 |
| 8 | 4 | 7 | 1 | 3 | 5 | 6 | 9 | 2 |
| 2 | 6 | 9 | 8 | 7 | 4 | 1 | 5 | 3 |
| 3 | 1 | 5 | 2 | 9 | 6 | 8 | 4 | 7 |
| 4 | 7 | 8 | 5 | 1 | 3 | 9 | 2 | 6 |
| 6 | 9 | 2 | 4 | 8 | 7 | 5 | 3 | 1 |
| 1 | 5 | 3 | 6 | 2 | 9 | 4 | 7 | 8 |

<53답>

| | | | | | | | | |
|---|---|---|---|---|---|---|---|---|
| 4 | 6 | 2 | 5 | 3 | 9 | 7 | 8 | 1 |
| 8 | 7 | 1 | 4 | 2 | 6 | 5 | 3 | 9 |
| 3 | 5 | 9 | 8 | 1 | 7 | 4 | 2 | 6 |
| 6 | 2 | 4 | 9 | 5 | 3 | 1 | 7 | 8 |
| 7 | 1 | 8 | 6 | 4 | 2 | 9 | 5 | 3 |
| 5 | 9 | 3 | 7 | 8 | 1 | 6 | 4 | 2 |
| 2 | 4 | 6 | 3 | 9 | 5 | 8 | 1 | 7 |
| 1 | 8 | 7 | 2 | 6 | 4 | 3 | 9 | 5 |
| 9 | 3 | 5 | 1 | 7 | 8 | 2 | 6 | 4 |

<54답>

# 정답

| | | | | | | | | |
|---|---|---|---|---|---|---|---|---|
| 7 | 2 | 3 | 6 | 9 | 8 | 4 | 1 | 5 |
| 1 | 5 | 4 | 7 | 2 | 3 | 6 | 9 | 8 |
| 8 | 6 | 9 | 5 | 4 | 1 | 2 | 3 | 7 |
| 2 | 3 | 7 | 9 | 8 | 6 | 1 | 5 | 4 |
| 6 | 9 | 8 | 4 | 1 | 5 | 3 | 7 | 2 |
| 5 | 4 | 1 | 2 | 3 | 7 | 9 | 8 | 6 |
| 3 | 7 | 2 | 8 | 6 | 9 | 5 | 4 | 1 |
| 4 | 1 | 5 | 3 | 7 | 2 | 8 | 6 | 9 |
| 9 | 8 | 6 | 1 | 5 | 4 | 7 | 2 | 3 |

<55답>

| | | | | | | | | |
|---|---|---|---|---|---|---|---|---|
| 3 | 2 | 9 | 6 | 4 | 1 | 7 | 8 | 5 |
| 7 | 5 | 8 | 2 | 3 | 9 | 4 | 1 | 6 |
| 4 | 6 | 1 | 5 | 7 | 8 | 3 | 9 | 2 |
| 2 | 1 | 3 | 8 | 6 | 4 | 5 | 7 | 9 |
| 5 | 9 | 7 | 1 | 2 | 3 | 6 | 4 | 8 |
| 6 | 8 | 4 | 9 | 5 | 7 | 2 | 3 | 1 |
| 1 | 4 | 2 | 7 | 8 | 6 | 9 | 5 | 3 |
| 9 | 3 | 5 | 4 | 1 | 2 | 8 | 6 | 7 |
| 8 | 7 | 6 | 3 | 9 | 5 | 1 | 2 | 4 |

<56답>

| | | | | | | | | |
|---|---|---|---|---|---|---|---|---|
| 3 | 6 | 5 | 7 | 9 | 2 | 4 | 1 | 8 |
| 7 | 9 | 2 | 1 | 4 | 8 | 3 | 5 | 6 |
| 1 | 4 | 8 | 5 | 3 | 6 | 7 | 2 | 9 |
| 6 | 5 | 3 | 9 | 2 | 7 | 8 | 4 | 1 |
| 9 | 2 | 7 | 4 | 8 | 1 | 6 | 3 | 5 |
| 4 | 8 | 1 | 3 | 6 | 5 | 9 | 7 | 2 |
| 5 | 3 | 6 | 2 | 7 | 9 | 1 | 8 | 4 |
| 2 | 7 | 9 | 8 | 1 | 4 | 5 | 6 | 3 |
| 8 | 1 | 4 | 6 | 5 | 3 | 2 | 9 | 7 |

<57답>

| | | | | | | | | |
|---|---|---|---|---|---|---|---|---|
| 7 | 4 | 1 | 5 | 8 | 6 | 3 | 9 | 2 |
| 3 | 2 | 9 | 7 | 1 | 4 | 8 | 6 | 5 |
| 8 | 5 | 6 | 3 | 9 | 2 | 1 | 4 | 7 |
| 9 | 3 | 2 | 1 | 4 | 7 | 6 | 5 | 8 |
| 6 | 8 | 5 | 9 | 2 | 3 | 4 | 7 | 1 |
| 1 | 7 | 4 | 8 | 6 | 5 | 9 | 2 | 3 |
| 5 | 6 | 8 | 2 | 3 | 9 | 7 | 1 | 4 |
| 2 | 9 | 3 | 4 | 7 | 1 | 5 | 8 | 6 |
| 4 | 1 | 7 | 6 | 5 | 8 | 2 | 3 | 9 |

<58답>

| | | | | | | | | |
|---|---|---|---|---|---|---|---|---|
| 3 | 1 | 2 | 5 | 6 | 9 | 8 | 4 | 7 |
| 6 | 9 | 5 | 8 | 4 | 7 | 1 | 2 | 3 |
| 4 | 7 | 8 | 1 | 2 | 3 | 9 | 5 | 6 |
| 8 | 4 | 7 | 3 | 1 | 2 | 6 | 9 | 5 |
| 5 | 6 | 9 | 7 | 8 | 4 | 3 | 1 | 2 |
| 2 | 3 | 1 | 9 | 5 | 6 | 7 | 8 | 4 |
| 9 | 5 | 6 | 4 | 7 | 8 | 2 | 3 | 1 |
| 1 | 2 | 3 | 6 | 9 | 5 | 4 | 7 | 8 |
| 7 | 8 | 4 | 2 | 3 | 1 | 5 | 6 | 9 |

<59답>

| | | | | | | | | |
|---|---|---|---|---|---|---|---|---|
| 7 | 3 | 5 | 8 | 9 | 1 | 6 | 2 | 4 |
| 8 | 1 | 9 | 2 | 6 | 4 | 5 | 7 | 3 |
| 2 | 4 | 6 | 7 | 5 | 3 | 9 | 8 | 1 |
| 9 | 8 | 4 | 6 | 3 | 2 | 1 | 5 | 7 |
| 5 | 7 | 1 | 9 | 4 | 8 | 3 | 6 | 2 |
| 6 | 2 | 3 | 5 | 1 | 7 | 4 | 9 | 8 |
| 3 | 6 | 7 | 1 | 8 | 5 | 2 | 4 | 9 |
| 1 | 5 | 8 | 4 | 2 | 9 | 7 | 3 | 6 |
| 4 | 9 | 2 | 3 | 7 | 6 | 8 | 1 | 5 |

<60답>

# 정답

| | | | | | | | | |
|---|---|---|---|---|---|---|---|---|
| 7 | 2 | 4 | 3 | 1 | 9 | 8 | 6 | 5 |
| 5 | 6 | 8 | 7 | 2 | 4 | 1 | 3 | 9 |
| 9 | 3 | 1 | 5 | 6 | 8 | 2 | 7 | 4 |
| 4 | 7 | 2 | 9 | 3 | 1 | 6 | 5 | 8 |
| 8 | 5 | 6 | 4 | 7 | 2 | 3 | 9 | 1 |
| 1 | 9 | 3 | 8 | 5 | 6 | 7 | 4 | 2 |
| 3 | 1 | 9 | 6 | 8 | 5 | 4 | 2 | 7 |
| 6 | 8 | 5 | 2 | 4 | 7 | 9 | 1 | 3 |
| 2 | 4 | 7 | 1 | 9 | 3 | 5 | 8 | 6 |

<61답>

| | | | | | | | | |
|---|---|---|---|---|---|---|---|---|
| 8 | 4 | 3 | 6 | 2 | 5 | 7 | 9 | 1 |
| 2 | 6 | 5 | 7 | 9 | 1 | 4 | 8 | 3 |
| 9 | 7 | 1 | 4 | 8 | 3 | 6 | 2 | 5 |
| 1 | 8 | 4 | 2 | 3 | 6 | 9 | 5 | 7 |
| 3 | 2 | 6 | 9 | 5 | 7 | 8 | 1 | 4 |
| 5 | 9 | 7 | 8 | 1 | 4 | 2 | 3 | 6 |
| 6 | 5 | 9 | 1 | 7 | 8 | 3 | 4 | 2 |
| 7 | 1 | 8 | 3 | 4 | 2 | 5 | 6 | 9 |
| 4 | 3 | 2 | 5 | 6 | 9 | 1 | 7 | 8 |

<62답>

| | | | | | | | | |
|---|---|---|---|---|---|---|---|---|
| 2 | 4 | 9 | 7 | 8 | 5 | 3 | 6 | 1 |
| 3 | 6 | 1 | 9 | 2 | 4 | 8 | 5 | 7 |
| 8 | 5 | 7 | 1 | 3 | 6 | 2 | 4 | 9 |
| 4 | 7 | 2 | 8 | 5 | 1 | 6 | 9 | 3 |
| 5 | 1 | 8 | 3 | 6 | 9 | 4 | 7 | 2 |
| 6 | 9 | 3 | 2 | 4 | 7 | 5 | 1 | 8 |
| 1 | 3 | 5 | 6 | 9 | 2 | 7 | 8 | 4 |
| 9 | 2 | 6 | 4 | 7 | 8 | 1 | 3 | 5 |
| 7 | 8 | 4 | 5 | 1 | 3 | 9 | 2 | 6 |

<63답>

| | | | | | | | | |
|---|---|---|---|---|---|---|---|---|
| 4 | 7 | 9 | 5 | 8 | 6 | 2 | 3 | 1 |
| 6 | 5 | 8 | 3 | 2 | 1 | 4 | 9 | 7 |
| 1 | 3 | 2 | 9 | 4 | 7 | 6 | 8 | 5 |
| 3 | 2 | 1 | 4 | 7 | 9 | 5 | 6 | 8 |
| 7 | 9 | 4 | 8 | 6 | 5 | 1 | 2 | 3 |
| 5 | 8 | 6 | 2 | 1 | 3 | 7 | 4 | 9 |
| 2 | 1 | 3 | 7 | 9 | 4 | 8 | 5 | 6 |
| 8 | 6 | 5 | 1 | 3 | 2 | 9 | 7 | 4 |
| 9 | 4 | 7 | 6 | 5 | 8 | 3 | 1 | 2 |

<64답>

| | | | | | | | | |
|---|---|---|---|---|---|---|---|---|
| 4 | 9 | 6 | 8 | 5 | 1 | 2 | 3 | 7 |
| 7 | 2 | 3 | 4 | 6 | 9 | 5 | 8 | 1 |
| 5 | 8 | 1 | 2 | 7 | 3 | 4 | 9 | 6 |
| 8 | 1 | 5 | 3 | 2 | 7 | 9 | 6 | 4 |
| 2 | 3 | 7 | 9 | 4 | 6 | 8 | 1 | 5 |
| 9 | 6 | 4 | 1 | 8 | 5 | 3 | 7 | 2 |
| 6 | 4 | 9 | 5 | 1 | 8 | 7 | 2 | 3 |
| 3 | 7 | 2 | 6 | 9 | 4 | 1 | 5 | 8 |
| 1 | 5 | 8 | 7 | 3 | 2 | 6 | 4 | 9 |

<65답>

| | | | | | | | | |
|---|---|---|---|---|---|---|---|---|
| 2 | 5 | 4 | 1 | 6 | 7 | 8 | 3 | 9 |
| 6 | 7 | 1 | 3 | 9 | 8 | 4 | 2 | 5 |
| 3 | 9 | 8 | 4 | 2 | 5 | 7 | 1 | 6 |
| 9 | 8 | 3 | 2 | 5 | 4 | 1 | 6 | 7 |
| 7 | 1 | 6 | 9 | 8 | 3 | 2 | 5 | 4 |
| 5 | 4 | 2 | 6 | 7 | 1 | 3 | 9 | 8 |
| 8 | 3 | 9 | 5 | 4 | 2 | 6 | 7 | 1 |
| 1 | 6 | 7 | 8 | 3 | 9 | 5 | 4 | 2 |
| 4 | 2 | 5 | 7 | 1 | 6 | 9 | 8 | 3 |

<66답>

# 정답

| | | | | | | | | |
|---|---|---|---|---|---|---|---|---|
| 9 | 3 | 1 | 8 | 6 | 2 | 7 | 5 | 4 |
| 6 | 2 | 8 | 5 | 4 | 7 | 3 | 1 | 9 |
| 4 | 7 | 5 | 1 | 9 | 3 | 2 | 8 | 6 |
| 2 | 1 | 9 | 6 | 7 | 8 | 5 | 4 | 3 |
| 3 | 5 | 4 | 9 | 2 | 1 | 8 | 6 | 7 |
| 7 | 8 | 6 | 4 | 3 | 5 | 1 | 9 | 2 |
| 8 | 9 | 2 | 7 | 5 | 6 | 4 | 3 | 1 |
| 1 | 4 | 3 | 2 | 8 | 9 | 6 | 7 | 5 |
| 5 | 6 | 7 | 3 | 1 | 4 | 9 | 2 | 8 |

<67답>

| | | | | | | | | |
|---|---|---|---|---|---|---|---|---|
| 4 | 2 | 6 | 9 | 5 | 7 | 3 | 8 | 1 |
| 7 | 5 | 9 | 1 | 3 | 8 | 4 | 6 | 2 |
| 8 | 3 | 1 | 2 | 4 | 6 | 7 | 9 | 5 |
| 1 | 8 | 3 | 4 | 6 | 2 | 9 | 5 | 7 |
| 6 | 4 | 2 | 5 | 7 | 9 | 8 | 1 | 3 |
| 9 | 7 | 5 | 3 | 8 | 1 | 6 | 2 | 4 |
| 3 | 1 | 8 | 6 | 2 | 4 | 5 | 7 | 9 |
| 2 | 6 | 4 | 7 | 9 | 5 | 1 | 3 | 8 |
| 5 | 9 | 7 | 8 | 1 | 3 | 2 | 4 | 6 |

<68답>

| | | | | | | | | |
|---|---|---|---|---|---|---|---|---|
| 9 | 5 | 2 | 7 | 1 | 3 | 4 | 6 | 8 |
| 6 | 8 | 4 | 5 | 9 | 2 | 1 | 7 | 3 |
| 3 | 1 | 7 | 4 | 8 | 6 | 5 | 2 | 9 |
| 2 | 9 | 5 | 1 | 3 | 7 | 8 | 4 | 6 |
| 4 | 6 | 8 | 9 | 2 | 5 | 3 | 1 | 7 |
| 7 | 3 | 1 | 8 | 6 | 4 | 9 | 5 | 2 |
| 8 | 4 | 6 | 2 | 5 | 9 | 7 | 3 | 1 |
| 1 | 7 | 3 | 6 | 4 | 8 | 2 | 9 | 5 |
| 5 | 2 | 9 | 3 | 7 | 1 | 6 | 8 | 4 |

<69답>

| | | | | | | | | |
|---|---|---|---|---|---|---|---|---|
| 6 | 3 | 5 | 8 | 1 | 7 | 4 | 9 | 2 |
| 8 | 1 | 7 | 4 | 2 | 9 | 3 | 6 | 5 |
| 4 | 2 | 9 | 3 | 5 | 6 | 1 | 8 | 7 |
| 2 | 9 | 4 | 5 | 6 | 3 | 7 | 1 | 8 |
| 3 | 5 | 6 | 1 | 7 | 8 | 2 | 4 | 9 |
| 1 | 7 | 8 | 2 | 9 | 4 | 5 | 3 | 6 |
| 7 | 8 | 1 | 9 | 4 | 2 | 6 | 5 | 3 |
| 5 | 6 | 3 | 7 | 8 | 1 | 9 | 2 | 4 |
| 9 | 4 | 2 | 6 | 3 | 5 | 8 | 7 | 1 |

<70답>

| | | | | | | | | |
|---|---|---|---|---|---|---|---|---|
| 7 | 5 | 9 | 8 | 6 | 4 | 3 | 2 | 1 |
| 1 | 3 | 2 | 7 | 9 | 5 | 4 | 6 | 8 |
| 8 | 4 | 6 | 1 | 2 | 3 | 5 | 9 | 7 |
| 9 | 7 | 4 | 6 | 3 | 8 | 1 | 5 | 2 |
| 6 | 8 | 3 | 2 | 5 | 1 | 7 | 4 | 9 |
| 2 | 1 | 5 | 9 | 4 | 7 | 8 | 3 | 6 |
| 3 | 6 | 1 | 5 | 7 | 2 | 9 | 8 | 4 |
| 5 | 2 | 7 | 4 | 8 | 9 | 6 | 1 | 3 |
| 4 | 9 | 8 | 3 | 1 | 6 | 2 | 7 | 5 |

<71답>

| | | | | | | | | |
|---|---|---|---|---|---|---|---|---|
| 1 | 5 | 3 | 7 | 8 | 9 | 2 | 4 | 6 |
| 9 | 8 | 7 | 6 | 2 | 4 | 5 | 1 | 3 |
| 4 | 2 | 6 | 3 | 5 | 1 | 8 | 9 | 7 |
| 6 | 1 | 2 | 5 | 9 | 3 | 4 | 7 | 8 |
| 7 | 4 | 8 | 2 | 1 | 6 | 9 | 3 | 5 |
| 3 | 9 | 5 | 8 | 4 | 7 | 1 | 6 | 2 |
| 2 | 3 | 1 | 9 | 7 | 5 | 6 | 8 | 4 |
| 5 | 7 | 9 | 4 | 6 | 8 | 3 | 2 | 1 |
| 8 | 6 | 4 | 1 | 3 | 2 | 7 | 5 | 9 |

<72답>

# 정답

| | | | | | | | | |
|---|---|---|---|---|---|---|---|---|
| 5 | 4 | 6 | 2 | 8 | 1 | 9 | 7 | 3 |
| 3 | 9 | 7 | 4 | 5 | 6 | 8 | 2 | 1 |
| 1 | 8 | 2 | 9 | 3 | 7 | 5 | 4 | 6 |
| 6 | 5 | 4 | 8 | 1 | 2 | 3 | 9 | 7 |
| 2 | 1 | 8 | 3 | 7 | 9 | 6 | 5 | 4 |
| 7 | 3 | 9 | 5 | 6 | 4 | 1 | 8 | 2 |
| 4 | 6 | 5 | 1 | 2 | 8 | 7 | 3 | 9 |
| 8 | 2 | 1 | 7 | 9 | 3 | 4 | 6 | 5 |
| 9 | 7 | 3 | 6 | 4 | 5 | 2 | 1 | 8 |

<73답>

| | | | | | | | | |
|---|---|---|---|---|---|---|---|---|
| 3 | 8 | 9 | 5 | 2 | 7 | 1 | 6 | 4 |
| 2 | 5 | 7 | 1 | 4 | 6 | 8 | 9 | 3 |
| 4 | 1 | 6 | 8 | 3 | 9 | 5 | 7 | 2 |
| 9 | 4 | 8 | 3 | 7 | 5 | 2 | 1 | 6 |
| 7 | 3 | 5 | 2 | 6 | 1 | 4 | 8 | 9 |
| 6 | 2 | 1 | 4 | 9 | 8 | 3 | 5 | 7 |
| 5 | 9 | 3 | 7 | 1 | 2 | 6 | 4 | 8 |
| 1 | 7 | 2 | 6 | 8 | 4 | 9 | 3 | 5 |
| 8 | 6 | 4 | 9 | 5 | 3 | 7 | 2 | 1 |

<74답>

| | | | | | | | | |
|---|---|---|---|---|---|---|---|---|
| 4 | 3 | 5 | 6 | 8 | 7 | 9 | 1 | 2 |
| 9 | 1 | 2 | 5 | 4 | 3 | 7 | 6 | 8 |
| 6 | 8 | 7 | 9 | 1 | 2 | 5 | 4 | 3 |
| 2 | 9 | 1 | 3 | 5 | 4 | 8 | 7 | 6 |
| 7 | 6 | 8 | 2 | 9 | 1 | 3 | 5 | 4 |
| 5 | 4 | 3 | 7 | 6 | 8 | 2 | 9 | 1 |
| 3 | 5 | 4 | 8 | 7 | 6 | 1 | 2 | 9 |
| 8 | 7 | 6 | 1 | 2 | 9 | 4 | 3 | 5 |
| 1 | 2 | 9 | 4 | 3 | 5 | 6 | 8 | 7 |

<75답>

| | | | | | | | | |
|---|---|---|---|---|---|---|---|---|
| 6 | 7 | 1 | 2 | 5 | 4 | 9 | 3 | 8 |
| 5 | 2 | 4 | 3 | 8 | 9 | 1 | 7 | 6 |
| 8 | 3 | 9 | 7 | 6 | 1 | 4 | 2 | 5 |
| 2 | 4 | 8 | 9 | 3 | 6 | 5 | 1 | 7 |
| 7 | 1 | 5 | 4 | 2 | 8 | 6 | 9 | 3 |
| 3 | 9 | 6 | 1 | 7 | 5 | 8 | 4 | 2 |
| 9 | 6 | 7 | 5 | 1 | 2 | 3 | 8 | 4 |
| 1 | 5 | 2 | 8 | 4 | 3 | 7 | 6 | 9 |
| 4 | 8 | 3 | 6 | 9 | 7 | 2 | 5 | 1 |

<76답>

| | | | | | | | | |
|---|---|---|---|---|---|---|---|---|
| 4 | 6 | 9 | 5 | 7 | 3 | 1 | 2 | 8 |
| 2 | 1 | 8 | 6 | 4 | 9 | 3 | 5 | 7 |
| 5 | 3 | 7 | 1 | 2 | 8 | 9 | 6 | 4 |
| 1 | 8 | 2 | 9 | 6 | 4 | 7 | 3 | 5 |
| 6 | 9 | 4 | 3 | 5 | 7 | 8 | 1 | 2 |
| 3 | 7 | 5 | 8 | 1 | 2 | 4 | 9 | 6 |
| 8 | 2 | 1 | 4 | 9 | 6 | 5 | 7 | 3 |
| 9 | 4 | 6 | 7 | 3 | 5 | 2 | 8 | 1 |
| 7 | 5 | 3 | 2 | 8 | 1 | 6 | 4 | 9 |

<77답>

| | | | | | | | | |
|---|---|---|---|---|---|---|---|---|
| 7 | 4 | 8 | 9 | 2 | 3 | 6 | 5 | 1 |
| 5 | 1 | 6 | 7 | 8 | 4 | 3 | 2 | 9 |
| 2 | 9 | 3 | 5 | 6 | 1 | 4 | 8 | 7 |
| 4 | 8 | 7 | 3 | 9 | 2 | 5 | 1 | 6 |
| 1 | 6 | 5 | 4 | 7 | 8 | 2 | 9 | 3 |
| 9 | 3 | 2 | 1 | 5 | 6 | 8 | 7 | 4 |
| 8 | 7 | 4 | 2 | 3 | 9 | 1 | 6 | 5 |
| 6 | 5 | 1 | 8 | 4 | 7 | 9 | 3 | 2 |
| 3 | 2 | 9 | 6 | 1 | 5 | 7 | 4 | 8 |

<78답>

# 정답

| | | | | | | | | |
|---|---|---|---|---|---|---|---|---|
| 3 | 8 | 9 | 1 | 6 | 2 | 4 | 5 | 7 |
| 5 | 7 | 4 | 8 | 9 | 3 | 1 | 6 | 2 |
| 2 | 1 | 6 | 4 | 5 | 7 | 9 | 3 | 8 |
| 6 | 2 | 1 | 7 | 4 | 5 | 8 | 9 | 3 |
| 9 | 3 | 8 | 2 | 1 | 6 | 7 | 4 | 5 |
| 4 | 5 | 7 | 3 | 8 | 9 | 2 | 1 | 6 |
| 7 | 4 | 5 | 9 | 3 | 8 | 6 | 2 | 1 |
| 1 | 6 | 2 | 5 | 7 | 4 | 3 | 8 | 9 |
| 8 | 9 | 3 | 6 | 2 | 1 | 5 | 7 | 4 |

<79답>

| | | | | | | | | |
|---|---|---|---|---|---|---|---|---|
| 7 | 2 | 5 | 6 | 3 | 8 | 9 | 4 | 1 |
| 4 | 9 | 1 | 2 | 7 | 5 | 6 | 3 | 8 |
| 3 | 6 | 8 | 9 | 4 | 1 | 2 | 7 | 5 |
| 9 | 5 | 7 | 8 | 2 | 3 | 1 | 6 | 4 |
| 2 | 8 | 3 | 1 | 6 | 4 | 5 | 9 | 7 |
| 6 | 1 | 4 | 5 | 9 | 7 | 8 | 2 | 3 |
| 5 | 3 | 2 | 4 | 8 | 6 | 7 | 1 | 9 |
| 8 | 4 | 6 | 7 | 1 | 9 | 3 | 5 | 2 |
| 1 | 7 | 9 | 3 | 5 | 2 | 4 | 8 | 6 |

<80답>

| | | | | | | | | |
|---|---|---|---|---|---|---|---|---|
| 3 | 8 | 5 | 7 | 1 | 9 | 4 | 2 | 6 |
| 4 | 2 | 6 | 8 | 5 | 3 | 7 | 1 | 9 |
| 1 | 9 | 7 | 6 | 4 | 2 | 5 | 3 | 8 |
| 2 | 6 | 4 | 5 | 3 | 8 | 1 | 9 | 7 |
| 8 | 5 | 3 | 1 | 9 | 7 | 2 | 6 | 4 |
| 9 | 7 | 1 | 4 | 2 | 6 | 3 | 8 | 5 |
| 6 | 4 | 2 | 3 | 8 | 5 | 9 | 7 | 1 |
| 7 | 1 | 9 | 2 | 6 | 4 | 8 | 5 | 3 |
| 5 | 3 | 8 | 9 | 7 | 1 | 6 | 4 | 2 |

<81답>

| | | | | | | | | |
|---|---|---|---|---|---|---|---|---|
| 3 | 7 | 8 | 1 | 4 | 9 | 6 | 5 | 2 |
| 4 | 9 | 1 | 5 | 2 | 6 | 7 | 8 | 3 |
| 2 | 6 | 5 | 8 | 3 | 7 | 9 | 1 | 4 |
| 1 | 2 | 9 | 6 | 5 | 3 | 4 | 7 | 8 |
| 5 | 3 | 6 | 7 | 8 | 4 | 2 | 9 | 1 |
| 8 | 4 | 7 | 9 | 1 | 2 | 3 | 6 | 5 |
| 6 | 8 | 3 | 4 | 7 | 1 | 5 | 2 | 9 |
| 9 | 5 | 2 | 3 | 6 | 8 | 1 | 4 | 7 |
| 7 | 1 | 4 | 2 | 9 | 5 | 8 | 3 | 6 |

<82답>

| | | | | | | | | |
|---|---|---|---|---|---|---|---|---|
| 6 | 3 | 5 | 2 | 1 | 4 | 8 | 9 | 7 |
| 4 | 2 | 1 | 8 | 9 | 7 | 6 | 3 | 5 |
| 7 | 8 | 9 | 6 | 3 | 5 | 4 | 2 | 1 |
| 8 | 9 | 7 | 3 | 5 | 6 | 2 | 1 | 4 |
| 3 | 5 | 6 | 1 | 4 | 2 | 9 | 7 | 8 |
| 2 | 1 | 4 | 9 | 7 | 8 | 3 | 5 | 6 |
| 5 | 6 | 3 | 4 | 2 | 1 | 7 | 8 | 9 |
| 1 | 4 | 2 | 7 | 8 | 9 | 5 | 6 | 3 |
| 9 | 7 | 8 | 5 | 6 | 3 | 1 | 4 | 2 |

<83답>

| | | | | | | | | |
|---|---|---|---|---|---|---|---|---|
| 4 | 1 | 2 | 9 | 6 | 7 | 3 | 5 | 8 |
| 8 | 5 | 3 | 1 | 2 | 4 | 9 | 7 | 6 |
| 7 | 9 | 6 | 3 | 8 | 5 | 2 | 1 | 4 |
| 1 | 2 | 4 | 6 | 7 | 9 | 8 | 3 | 5 |
| 9 | 6 | 7 | 8 | 5 | 3 | 4 | 2 | 1 |
| 5 | 3 | 8 | 2 | 4 | 1 | 6 | 9 | 7 |
| 3 | 8 | 5 | 4 | 1 | 2 | 7 | 6 | 9 |
| 6 | 7 | 9 | 5 | 3 | 8 | 1 | 4 | 2 |
| 2 | 4 | 1 | 7 | 9 | 6 | 5 | 8 | 3 |

<84답>

# 정답

| | | | | | | | | |
|---|---|---|---|---|---|---|---|---|
| 2 | 7 | 9 | 3 | 6 | 4 | 1 | 8 | 5 |
| 5 | 8 | 1 | 7 | 9 | 2 | 3 | 4 | 6 |
| 3 | 6 | 4 | 5 | 8 | 1 | 2 | 9 | 7 |
| 1 | 5 | 8 | 2 | 7 | 9 | 4 | 6 | 3 |
| 4 | 3 | 6 | 1 | 5 | 8 | 9 | 7 | 2 |
| 9 | 2 | 7 | 4 | 3 | 6 | 8 | 5 | 1 |
| 7 | 9 | 2 | 6 | 4 | 3 | 5 | 1 | 8 |
| 6 | 4 | 3 | 8 | 1 | 5 | 7 | 2 | 9 |
| 8 | 1 | 5 | 9 | 2 | 7 | 6 | 3 | 4 |

<85답>

| | | | | | | | | |
|---|---|---|---|---|---|---|---|---|
| 1 | 6 | 7 | 2 | 9 | 4 | 8 | 5 | 3 |
| 4 | 2 | 9 | 3 | 8 | 5 | 7 | 1 | 6 |
| 5 | 3 | 8 | 6 | 7 | 1 | 9 | 4 | 2 |
| 6 | 9 | 4 | 8 | 5 | 2 | 1 | 3 | 7 |
| 2 | 8 | 5 | 7 | 1 | 3 | 4 | 6 | 9 |
| 3 | 7 | 1 | 9 | 4 | 6 | 5 | 2 | 8 |
| 9 | 5 | 2 | 1 | 3 | 8 | 6 | 7 | 4 |
| 8 | 1 | 3 | 4 | 6 | 7 | 2 | 9 | 5 |
| 7 | 4 | 6 | 5 | 2 | 9 | 3 | 8 | 1 |

<86답>

| | | | | | | | | |
|---|---|---|---|---|---|---|---|---|
| 3 | 9 | 4 | 8 | 1 | 6 | 2 | 7 | 5 |
| 2 | 5 | 7 | 4 | 3 | 9 | 1 | 8 | 6 |
| 1 | 6 | 8 | 7 | 2 | 5 | 3 | 4 | 9 |
| 4 | 2 | 9 | 6 | 8 | 3 | 7 | 5 | 1 |
| 7 | 1 | 5 | 9 | 4 | 2 | 8 | 6 | 3 |
| 8 | 3 | 6 | 5 | 7 | 1 | 4 | 9 | 2 |
| 9 | 7 | 2 | 3 | 6 | 4 | 5 | 1 | 8 |
| 5 | 8 | 1 | 2 | 9 | 7 | 6 | 3 | 4 |
| 6 | 4 | 3 | 1 | 5 | 8 | 9 | 2 | 7 |

<87답>

| | | | | | | | | |
|---|---|---|---|---|---|---|---|---|
| 1 | 5 | 7 | 6 | 8 | 4 | 2 | 9 | 3 |
| 9 | 2 | 3 | 5 | 7 | 1 | 8 | 6 | 4 |
| 8 | 4 | 6 | 3 | 9 | 2 | 1 | 7 | 5 |
| 5 | 7 | 1 | 8 | 4 | 6 | 3 | 2 | 9 |
| 2 | 3 | 9 | 7 | 1 | 5 | 4 | 8 | 6 |
| 4 | 6 | 8 | 9 | 2 | 3 | 5 | 1 | 7 |
| 6 | 8 | 4 | 2 | 3 | 9 | 7 | 5 | 1 |
| 3 | 9 | 2 | 1 | 5 | 7 | 6 | 4 | 8 |
| 7 | 1 | 5 | 4 | 6 | 8 | 9 | 3 | 2 |

<88답>

| | | | | | | | | |
|---|---|---|---|---|---|---|---|---|
| 1 | 5 | 3 | 9 | 8 | 2 | 7 | 6 | 4 |
| 6 | 4 | 7 | 5 | 3 | 1 | 8 | 2 | 9 |
| 2 | 9 | 8 | 4 | 7 | 6 | 3 | 1 | 5 |
| 4 | 8 | 6 | 7 | 1 | 5 | 2 | 9 | 3 |
| 9 | 3 | 2 | 8 | 6 | 4 | 1 | 5 | 7 |
| 5 | 7 | 1 | 3 | 2 | 9 | 6 | 4 | 8 |
| 8 | 2 | 4 | 6 | 5 | 7 | 9 | 3 | 1 |
| 7 | 6 | 5 | 1 | 9 | 3 | 4 | 8 | 2 |
| 3 | 1 | 9 | 2 | 4 | 8 | 5 | 7 | 6 |

<89답>

| | | | | | | | | |
|---|---|---|---|---|---|---|---|---|
| 5 | 3 | 6 | 2 | 8 | 9 | 7 | 1 | 4 |
| 7 | 4 | 1 | 5 | 3 | 6 | 2 | 9 | 8 |
| 2 | 8 | 9 | 7 | 4 | 1 | 5 | 6 | 3 |
| 1 | 7 | 8 | 6 | 5 | 4 | 9 | 3 | 2 |
| 9 | 2 | 3 | 1 | 7 | 8 | 6 | 4 | 5 |
| 6 | 5 | 4 | 9 | 2 | 3 | 1 | 8 | 7 |
| 4 | 6 | 7 | 3 | 9 | 5 | 8 | 2 | 1 |
| 3 | 9 | 5 | 8 | 1 | 2 | 4 | 7 | 6 |
| 8 | 1 | 2 | 4 | 6 | 7 | 3 | 5 | 9 |

<90답>

memo

한 장  한 장 스도쿠의
정답을 찾아가는 그 과정이
작은 즐거움이었기를 바랍니다.